# 粒子加速器
# 高频技术与微波仿真

孟繁博 张 沛 郭 琳 著

中国科学技术大学出版社

# 内 容 简 介

加速器高频系统为粒子束流提供能量,高频系统的建设与运行比较复杂,涉及大功率微波系统、常温或超导谐振腔系统、微波测量以及低电平控制技术,在设计和运行时还要考虑束流负载、二次电子倍增和环境扰动等效应对系统的影响。

本书主要是从微波的角度对高频系统进行解构和阐述,并将一些物理的概念使用微波的语言进行表述,着重使用等效电路、传输线理论、网络参数、阻抗分析以及信号流图等微波技术作为分析手段,这样可以更加系统地理解关键部件的微波特性、高频系统的构成和运行机制、以及系统中关键参数的测试方法与内在联系。

本书在阐述原理的同时,也对理论模型进行了仿真分析,将微波仿真技术充分应用于高频系统的学习、理解、设计和分析之中,有助于读者更好地使用仿真技术解决实际问题。

**图书在版编目(CIP)数据**

粒子加速器高频技术与微波仿真/孟繁博,张沛,郭琳著. —合肥:中国科学技术大学出版社,2023.6
ISBN 978-7-312-05698-7

Ⅰ. 粒…  Ⅱ. ① 孟… ② 张… ③ 郭…  Ⅲ. 粒子—加速器—研究  Ⅳ. TL5

中国国家版本馆 CIP 数据核字(2023)第 096479 号

粒子加速器高频技术与微波仿真
LIZI JIASUQI GAOPIN JISHU YU WEIBO FANGZHEN

| | |
|---|---|
| 出版 | 中国科学技术大学出版社 |
| | 安徽省合肥市金寨路 96 号,230026 |
| | http://press.ustc.edu.cn |
| | https://zgkxjsdxcbs.tmall.com |
| 印刷 | 安徽省瑞隆印务有限公司 |
| 发行 | 中国科学技术大学出版社 |
| 开本 | 710 mm×1000 mm  1/16 |
| 印张 | 15.75 |
| 字数 | 332 千 |
| 版次 | 2023 年 6 月第 1 版 |
| 印次 | 2023 年 6 月第 1 次印刷 |
| 定价 | 86.00 元 |

# 序　一

　　粒子加速器是一种用于加速并操控带电粒子的精密而又复杂的装置，它集众多先进技术于一身。近年来，随着科学技术水平的不断进步，粒子加速器技术也得到了快速发展，面对不同需求的各种类型的粒子加速器装置大量涌现，我国的粒子加速器事业也迎来了新的机遇与挑战。

　　粒子加速器不仅在核物理、粒子物理、凝聚态物理、生物、化学、材料科学、放射医学等科学研究领域发挥着越来越重要的作用，也在医疗卫生、工农业生产、环境保护等国民经济领域发挥着积极的作用。使用微波或高频电磁场加速带电粒子是极有效的加速技术手段，在此类加速器中高频系统是为束流提供能量的"发动机"，决定着粒子加速器的主要性能水平。

　　粒子加速器高频系统大多工作在 $0.1\,\mathrm{GHz}\sim1.5\,\mathrm{GHz}$ 的频率范围内，在微波技术中，这属于甚高频和超高频波段。因此，在高频系统的研究中，除了使用物理的思维进行分析和计算，也可以借鉴微波理论中的基本原理和分析手段。将物理思维与微波理论有机结合，二者相辅相成，事半功倍。

　　《粒子加速器高频技术与微波仿真》一书侧重于使用微波的语言解析高频系统，描述了高频系统中关键部件的微波特性，并在此基础上系统地介绍了高频系统的工作原理，以及与之对应的微波理论与分析方法。书中还介绍了高频系统中常用的微波器件和微波测量方法。本书在讲解的过程中，着重使用等效电路、传输线理论、网络参数、阻抗分析以及信号流图等微波技术基础知识，使读者在理解高频系统基本理论的同时，也可加深对微波基本概念的体会。本书在理论分析的基础上，使用微波仿真技术对理论模型进行了仿真计算，既验证了理论模型的准确性，也凸显了仿真技术的实用性。

　　本书作者长期从事粒子加速器高频系统的设计与建造工作，他们结合自身工作经验，将大科学装置项目中分析和解决具体问题的方法融入本书的写作之中。相信本书的出版,不仅可以帮助初学者更好地掌握加速器高频技术,还可以为相关科技工作者提供技术参考,进而为我国粒子加速器事业的发展贡献一份力量。

中国工程院院士

2022 年 10 月 20 日

# 序　二

从发明粒子加速器至今已经有差不多一百年时间了。经过一个世纪的发展,目前粒子加速器技术日趋完善,已经广泛应用于科学研究和国民经济的各个领域,发挥着不可替代的重要作用,全球正在运行的加速器数以万计。

近年来,随着国力的不断增强,我国粒子加速器事业发展取得了长足进展。在基于加速器的大科学装置方面,建成了上海第三代同步辐射光源,基于这台光源取得了一系列前沿研究和应用研究成果,目前正在建设北京高能光源和合肥衍射极限换同步辐射光源;东莞散列中子源的建成和投入运行,标志着我国在质子重离子加速技术和应用方面已经步入国际先进行列;射频超导技术近年来也呈加速发展的趋势,从研制超导腔发展到建成小型超导加速器和备用加速模组,以及目前正在建设基于射频超导加速器的上海X射线自由电子激光装置和加速器驱动核能系统预研装置,同步辐射光源也都采用了射频超导技术。在国民经济应用方面,我国工业辐照加速器、无损检测加速器和医用加速器的产业化规模也在快速增长,国产化程度也越来越高。在此背景下,需要大量的青年工作者投入到粒子加速器设计建造和运行行列,也迫切需要有关粒子加速器物理和技术方面的专著或教材,《粒子加速器高频技术与微波仿真》这本著作的出版正好满足了这一需求。

目前大部分粒子加速器采用交变电磁场加速带电粒子,而高频系统可以说是这类加速器的"心脏"。高频系统一般比较复杂,涉及大功率微波传输、谐振腔建场、微波测量等,还要考虑束载和二次电子倍增等效应对高频系统的影响。初入粒子加速器领域的研究生和青年学者往往感到缺乏对高频系统的系统理解,对其中的一些技术细节的认识也不够深入,因此在进行加速器设计和调试的过程中总会遇到一些困难。虽然可以通过查阅有关文献深入了解高频技术,但一般文献都是报道针对具体问题开展的研究,并不系统介绍高频技术的基本原理和仿真方法。本书较为全面系统地介绍了高频系统的基本工作原理、仿真研究方法以及常用微波器件的工作原理和基本特性，不仅能够对初学者掌握高频技术很有帮助，也是粒子加速器领域相关科技工作者的一本非常有用的参考书。

本书的作者是粒子加速器高频技术领域的后起之秀，他们以自己长期的工作经验为基础，深入浅出地介绍了高频技术的理论模型和仿真方法，系统地分析了在设计高频系统时需要考虑的问题，特别着重于实际问题的解决。全书结构合理，简明扼要，行文流畅，可读性强。

最后，我们相信本书的出版，一定能够帮助更多的青年学生和相关科技工作者更好地掌握高频技术，从而更好地为我国粒子加速器事业发展作出贡献。

2022 年 9 月 11 日于北京大学

# 目　　录

# 第 1 章 绪 论

高频系统是粒子加速器的发动机,其作用是为束流提供能量。在高频系统中,谐振腔是与束流直接作用的核心部件。一旦涉及与束流的相互作用,就需要探讨谐振腔中的电磁场分布。基于电磁场分布的重要性,借助微波电磁场仿真手段,科研人员可以直观地获得谐振腔、耦合器或其他微波结构内部的电磁场分布,这主要是从"物理的角度"处理高频系统的问题,物理的角度通常处理的是局部问题。

粒子加速器高频系统作为一个典型的微波系统,可以使用等效电路、传输线理论、散射参数等手段进行理论分析,这主要是从"微波的角度"来处理问题,微波的角度更利于解决系统问题。

在处理高频系统的实际问题中,针对不同的情况,物理的角度和微波的角度都十分重要。本书主要是从微波的角度对高频系统进行解构和阐述,并将一些物理的概念使用微波的语言进行表述,这样可以更加系统地理解关键部件的微波特性、高频系统的构成和运行机制以及系统中关键参数的测试方法与内在联系。

加速器高频系统是一个庞大且复杂的系统,也是一门交叉学科。在其建设与运行过程中,除了微波技术以外,还涉及低温超导技术、机械工程、电真空技术、低电平控制技术、计算机技术等众多学科。本书主要是对高频系统中涉及的微波理论与技术加以详细论述,对于其他学科的知识并没有过多讲解。

## 1.1 高频系统简介

高频系统的典型架构,如图 1.1 所示。信号源产生工作频率下的微波信号,并将激励信号送入发射机中。发射机将微波信号放大到几十或者几百千瓦,放大后的功率需要通过环形器,经过定向耦合器后,传输到耦合器中。耦合器通过耦合天线,将功率馈入谐振腔中,谐振腔中建立起高梯度电场用来加速粒子束流。环形器的作用是隔离谐振腔产生的反射功率,反射功率输入环形器的 2 端口后会传输到 3 端口端接的匹配负载,并不会反射回发射机中,从而起到保护发射机的作用。定向耦合器可以提取大功率传输馈线中的入射功率和反射功率,并将提取到的功率送入低电平控制系统中。为了进行闭环控制,需要从谐振腔中提取 pick up 信号并送入低电平控制系统中。低电平控制系统经过数据处理,将送出两路信号,一路信号送入调谐器用来进行频率控制,另一路信号送入信号源用来进行幅相控制。

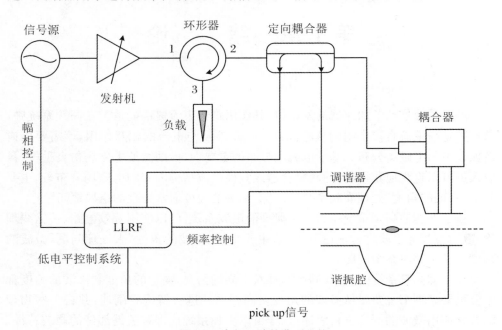

**图 1.1　高频系统的典型架构**

从图 1.1 中可以看出,高频系统主要由微波设备构成。谐振腔和耦合器是需要独立设计的微波器件,环形器、负载、定向耦合器和功率分配器是常规的微波器件,信号源和发射机是有源微波器件。对于这样一个微波系统,了解每个设备的微波特性与使用方法,对于理解系统的运行原理十分重要。

在图 1.1 中,从发射机开始,经过环形器、定向耦合器和耦合器,到谐振腔结束,构成了一个大功率微波传输通路。如果想要分析这一微波通路上的功率分配与电压变化关系,就需要抽象出其对应的等效电路和传输线模型。高频系统,在这一大功率微波传输通路上,经典的等效电路模型如图 1.2 所示。

在图 1.2 的等效电路中,谐振腔等效为并联谐振电路;耦合器被拆分成两部分,一部分是耦合天线可以等效为变压器,另一部分是耦合器主体可以等效为传输线;环形器和定向耦合器被看作是功率传输线的一部分;束流等效为电流源,发射机也等效为电流源。如何理解并分析高频系统的等效电路,是进行高频系统设计并且确保其稳定运行的重要前提,这也是本书需要重点论述的内容之一。

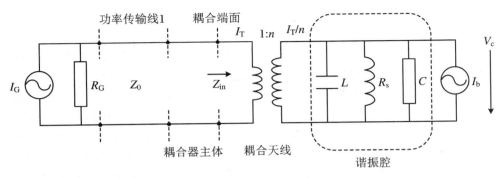

图 1.2　高频系统等效电路

# 1.2　微波技术基础

由于本书的重点是从微波的角度解析高频系统,所以在书中使用了很多微波工程的基础知识。在微波技术中比较重要的基本概念与分析手段,主要包括以下几方面:

### 1. 传输线理论

传输线理论是电路理论在微波传输系统中的引申和扩展。在微波传输系统中,需要使用特定的功率传输结构实现微波电磁场的定向传播,微波传输结构可以是同轴线、波导或者微带线等,不论微波传输结构的具体形式如何,都可以将其抽象为一段具有相应长度和特性阻抗的传输线。控制微波定向传输的目的是,将微波功率传输给负载设备,负载设备可以抽象为一个具有复数形式的负载阻抗。传输线理论就是分析微波传输系统中功率分配和电压分布的重要手段。

在传输线理论中,定义并且使用了一些重要的微波概念,包括特性阻抗、负载阻抗、输入阻抗、反射系数、电压驻波比等。在微波技术中,阻抗是一个重要的概念。对于传输线而言,有对应的特性阻抗;对于终端负载而言,有对应的负载阻抗;对于一段终端接负载的传输线而言,在传输线节点处有对应的输入阻抗。特性阻抗与负载阻抗或输入阻抗的匹配情况,决定了传输线上的反射系数、驻波比以及电压分布。在一些情况下,为了实现系统的阻抗匹配,还要进行相应的阻抗变换。理解并善于运用阻抗的概念解决微波系统的问题,对于微波技术工作者十分重要。在进行阻抗分析中,解析计算是一种常用的分析手段,除此之外 Smith 圆图也是一种重要的图形分析方法。对于阻抗变换和阻抗匹配的相关问题,使用 Smith 圆图进行分析,往往更加直观和便捷,也会使整个分析过程中的物理逻辑更加清晰。

### 2. 网络参数

通常情况下,微波系统并不是只有一条传输线和一个终端负载构成的简单网络,而是一个由许多微波器件组合而成的复杂的多端口网络。处理复杂的微波系统,就需要使用微波网络参数,典型的微波网络参数包括散射参数、传输参数和阻抗参数等。在实际工作中,描述一个微波器件或微波网络最常用的参数是散射参数,即通常所说的 $S$ 参数。微波器件多种多样,功能也各不相同,在刚开始接触微波技术时,初学者会将精力主要集中在研究每个器件的工作原理和其所实现的 $S$ 参数上,即关注器件本身的性能。需要注意的是,随着对微波技术理解的逐步深入,微波技术工作者就需要具备宏观视角,即关注整个微波系统的工作性能。网络参数的另一个重要作用是,如果已知系统中每个微波器件的网络参数,就可以通过网络参数的级联关系和矩阵运算,计算出整个系统的微波特性,这对于复杂微波网络的研究十分重要。

### 3. 信号流图

微波网络分析,主要处理的就是信号在网络间流动的问题。如果使用入射波和反射波来进行分析,那么信号流图就是一种很有效的图形分析方法。信号流图可以反映系统内部信号的流动情况,是系统工作状态的直观反映。信号流图有一套自己的图形求解法则,使用这一法则可以对信号流图进行简化分解,从而获得所关心节点之间的入射波和反射波的关系。合理地使用信号流图,可以简化计算过程,避免系统分析时对复杂方程组进行直接求解。

### 4. 微波测量

在进行微波系统设计与搭建的过程中,微波测量是一项重要技术。在微波系统中,我们通常比较关心的物理量是频率、功率、幅度、相位和 $S$ 参数等。常用的微波测量仪器包括频率计、功率计、检波器、鉴相器和矢量网络分析仪等。

在微波测量中,最重要、最复杂的测试仪器无疑是矢量网络分析仪,其主要用来测试微波器件和微波系统的网络参数。矢量网络分析仪本身就是一个复杂而精密的微波系统,它有一套完整的测试架构、测试原理、校准方法和误差修正方法,从而保证通过测试获得 DUT 的准确而可靠的网络参数。对于一名微波技术工作者,不仅要能够熟练地使用矢量网络分析仪进行微波测试,还应该理解并掌握矢量网络分析仪的测试原理与基本校准算法,这对于加深对微波测量技术的理解并且解决工作中遇到的实际测量问题有重要帮助。

# 1.3 微波仿真技术

随着计算机技术的发展,微波仿真技术在微波工程领域发挥着越来越重要的作用。常用的三维微波仿真软件有 CST 和 HFSS,常用的微波仿真算法有时域有限差分法(FDTD)、有限元法(FEM)、矩量法(MoM)等。

本书中所有的仿真模型,都使用了 CST 软件进行仿真计算。这一方面是出于笔者的个人习惯,另一方面是因为 CST 的功能更加全面,并且具有更好的灵活性、扩展性和数据处理能力。本书中的仿真计算,主要使用的 CST 工作室包括微波工作室(Microwave Studio)、设计工作室(Design Studio)和粒子工作室(Particle Studio)。

对于刚开始接触微波仿真的工作人员,主要解决的是三维微波结构的设计与优化问题,主要关注的是微波结构内的场分布和与其对应的关键参数。这是三维仿真软件的一个重要功能。在解决这类问题的时候,我们需要逐渐养成将电磁场分布和等效电路模型这两个概念建立关联的习惯,而不是将它们看作两个独立的问题来处理。使电磁场与等效电路模型二者建立起联系的重要物理量,是等效电压和阻抗。对于已知的电场分布,将电场在适当的积分路径上进行积分,就可以得到等效电压。选取恰当的参考面作为端口,就可以获得端口的特性阻抗。在解决实际的系统问题时,将具体的微波结构抽象成等效电路或传输线模型,往往会使计算更加方便、思路更加清晰。

当然,微波仿真的作用不只局限于分析微波结构的场分布与特性。如果通过建模仿真,得到系统中每个结构或者器件的微波特性,就可以对系统进行整体建模,通过仿真来模拟系统的真实工作情况。这样做的好处是,对于不熟悉微波系统的工作人员,通过这一方法,可以加深对系统的认知和概念的理解;对于微波系统的设计人员,通过这一方法,可以验证系统的理论设计,并对系统的运行状态加以预测,检验其中的潜在问题,从而对系统设计进行优化。

从某种意义上来看,基于微波仿真技术,我们可以建立自己的"虚拟微波实验室"。在这个虚拟实验室中,我们有虚拟的微波器件和传输线,有虚拟的信号源与负载,也有虚拟的微波测试仪器。只要有足够的耐心和想象力,就可以搭建出各种各样的微波系统。对于初学者,这样的虚拟实验室,不仅可以加深其对微波概念的理解,还可以训练其微波实验能力。对于有一定经验的工作人员,在虚拟实验室中,他们既可以对现有的系统进行问题分析和验证,也可以搭建新的微波系统,一边测试系统功能,一边设计系统调试算法。

# 1.4 内 容 介 绍

本书的写作思路是,使用微波的语言解构高频系统,着重介绍高频系统中关键设备的微波特性、经常使用的微波器件、高频系统的工作原理,以及微波测量的基础知识。本书在理论分析的基础上,辅以微波仿真计算的实例,试图通过这种方式达到理论与实践相结合的目的。理论分析对仿真建模提供指导,仿真计算又对理论分析加以验证,二者相辅相成,既凸显了理论分析的准确性,也展现了仿真技术的实用性。

第 2 章介绍了谐振腔的微波特性和耦合的概念。在并联等效电路的基础上,分析了谐振腔的输入阻抗,以及幅频曲线和相频曲线。如果要与谐振腔发生相互作用,需要使用耦合结构,常用的耦合方式包括电耦合与磁耦合,二者的耦合机制可以通过麦克斯韦方程组加以说明。耦合度定义了与谐振腔耦合的强弱,在频域上不同的耦合度会呈现出不同的阻抗特性,在时域上不同的耦合度也会导致不同的信号变化。

第 3 章将耦合器看作一种结构特殊的传输线进行剖析。TDR 是进行传输线阻抗分析的有效手段,本章详细介绍了 TDR 的测试原理,以及其在时域和频域的测试方法,并以耦合器陶瓷窗为例进行了仿真计算。门钮是一种特殊的双端口器件,其两个端口结构不同,一端是方波导,一端是同轴线,描述其网络特性时需要使用广义 $S$ 参数。以方波导为例,讨论了如何通过场分布获得特性阻抗以及测量等效电压的方法。在广义 $S$ 参数的基础上,可以将耦合器的各部件进行独立设计,再通过级联计算获得耦合器的整体特性。

第 4 章论述了高频系统带束运行时的工作状态。在等效电路模型中,束流作为电流源可以等效成束流负载,引起高频系统的失谐与失配。通过分析系统阻抗的变化情况,可以理解失谐与调谐的过程。在频率控制中,失谐角是一个重要参数,本章介绍了失谐角的概念与测量方法,讨论了改变失谐角对功率传输线中场分布的影响。对于固定耦合系统,只有一个匹配流强,在其他流强下系统均工作在失配状态,但是可以通过调配器进行阻抗匹配。本章介绍了双线调配器的工作原理,以及使用它进行高频系统匹配调节的过程,在此部分论述中大量使用了 Smith 圆图作为阻抗分析工具。在三维仿真模型中,可以使用腔耗或介质损耗来等效束流损耗,在此基础上,可以使用三维仿真计算对阻抗调配过程进行仿真验证。

第 5 章主要介绍了在高频系统搭建或测试中经常使用的微波器件。功率分配器是进行微波信号分配或合成的多端口器件,在这一部分使用阻抗变换的方法论述了大功率传输线型功率合成器的设计实例。微波定向器件,主要用作传输线中入射功率和反射功率的定向测量,定向耦合器是 4 端口器件,方向性电桥是 3 端口器件。本章通过电路模型介绍了方向性电桥的分析和设计方法。环形器是一种 3 端口的方向性器件,3 个端口之间的功率只能单向传输,不能互易。本章论述了旋磁材料在偏置磁场中张量磁导率的产生机理,并以此为基础,给出了环形器的仿真模型。

第 6 章讲解了矢量网络分析仪的测试原理与校准方法。在微波测量领域,矢量网络分析仪无疑是最重要的测试设备。本章介绍了矢量网络分析仪常用的 3 接收机测试架构和 4 接收机测试架构,以及与之对应的 12 项误差模型和 8 项误差模型。利用信号流图作为分析工具,论述了双端口 DUT 的 $S$ 参数测量值与真实值之间的定量关系。针对上述两种误差模型,介绍了 SOLT 校准方法和 TRL 校准方法,并分别讨论了它们的具体校准过程和误差修正算法。本章基于 3 接收机测试架构,利用 CST Design Studio 搭建了矢量网络分析仪仿真模型,并利用此模型对 SOLT 校准过程和误差修正算法进行了仿真验证。在实际的测试工作中,经常会遇到使用测试夹具进行 DUT 测试的情况。本章利用 TRL 测试方法,介绍了一种夹具去嵌入技术,可以去除测试数据中夹具引入的误差。

第 7 章介绍了二次电子倍增效应,在真空微波器件领域也称作微放电效应。二次电子倍增效应是一种电子飞行轨迹与微波电磁场之间的共振现象,其研究方法侧重于仿真模拟和实验测试。本章还介绍了二次电子倍增的基本原理、产生条件和抑制方法,并结合 CST Particle Studio 着重讲述了二次电子倍增的模拟方法和数据分析技术。

# 第 2 章　谐　振　腔

谐振腔是高频系统的核心部件。基于不同的谐振结构,谐振腔有诸多腔型,但是不论何种腔型,在电路上都可以等效为并联谐振电路。掌握谐振腔的等效电路和输入阻抗,对理解高频系统的运行很有帮助。谐振腔输入阻抗的幅频曲线反映了腔的 $Q$ 值与带宽,而输入阻抗的相频曲线可以用来进行频率测量。

谐振腔本身是一个封闭式的储能器件,它需要通过耦合才能与外部进行能量交换,带有耦合端口的谐振腔等效电路更具有实际意义。输入阻抗的定义需要选择参考面,如何将电路模型中的参考面对应到实际的三维模型中,是一个在工作中常会遇到的有趣问题。在耦合度的测试中需要使用 Smith 圆图,谐振圆在 Smith 圆图中的大小和位置包含了很多有用信息。在频域上,耦合的强弱会影响系统的功率分配。在时域上,耦合的强弱则会影响功率的瞬态峰值与增长速度。

## 2.1　谐振腔与等效电路

在加速器高频系统中,谐振腔是用来给粒子加速的关键部件。谐振腔中建立的高频交变电场,将加速带电粒子,为粒子提供能量。谐振腔可以等效为并联谐振电路,其电路如图 2.1 所示。

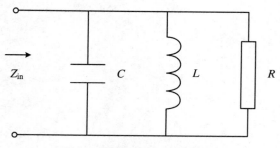

**图 2.1　谐振腔并联谐振电路**

并联谐振电路的输入阻抗为

$$Z_{in} = \left( \frac{1}{R} + \frac{1}{j\omega L} + j\omega C \right)^{-1} \tag{2.1}$$

谐振电路的 $Q$ 值为

$$Q = \omega_0 \frac{W_m + W_e}{P_{loss}} = \frac{R}{\omega_0 L} = \omega_0 RC \tag{2.2}$$

输入阻抗可以近似简化为

$$Z_{in} \approx \frac{R}{1 + 2jQ(\omega - \omega_0)/\omega_0} \tag{2.3}$$

为了便于分析,下面以 pillbox 谐振腔为例,分析谐振腔与等效电路的对应关系。在 CST Microwave Studio 中建立谐振腔模型,结构如图 2.2 所示,腔半径 $R = 229.5$ mm,腔长 $l = 250$ mm,谐振频率 $f_0 = 499.967$ MHz。如果设定谐振腔的表面电导率为 $5.8 \times 10^7$ S/m,利用本征模求解器 $E$ 可以计算出对应的 $Q_0 = 4.0468 \times 10^4$,分路阻抗 $R_s = 8.1595 \times 10^6$ Ω。根据式(2.2),可以计算出等效电容 $C = 1.5788$ pf,等效电感 $L = 64.1846$ nH。

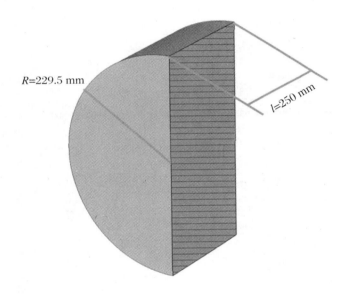

**图 2.2　谐振腔三维仿真模型**

在 CST Design Studio 中,建立并联等效电路仿真模型,如图 2.3 所示,模型中电路参数在表 2.1 中列出。根据电路模型,可以计算出并联谐振电路的输入阻抗 $Z_{in}$ 的幅频曲线和相频曲线,如图 2.4 所示。

**表 2.1　谐振腔等效电路模型参数**

| 电路参数 | 数值 |
| :---: | :---: |
| $C$ | 1.5788 pf |
| $L$ | 64.1846 nH |
| $R_s$ | $8.1595 \times 10^6$ Ω |

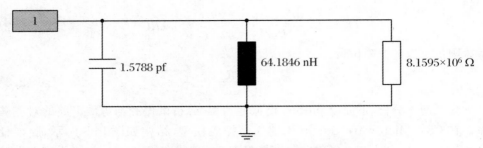

**图 2.3　谐振腔并联等效电路仿真模型**

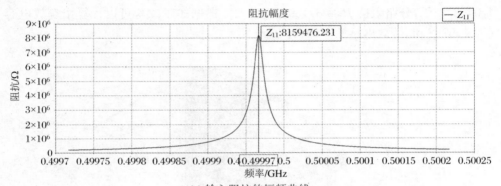

(a) 输入阻抗的幅频曲线

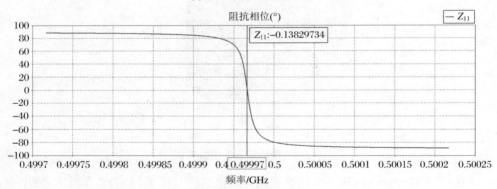

(b) 输入阻抗的相频曲线

**图 2.4　并联谐振电路的输入阻抗**

# 2.2　谐振腔的耦合

## 2.2.1　耦合方式

传输线需要通过耦合结构,将功率馈入谐振腔中。根据不同的耦合机理,可以分为电耦合与磁耦合两种方式。图 2.5 显示了电耦合与磁耦合的典型结构。电耦合的耦合天线与电场相互作用,交变电场在天线的端面形成位移电流。磁耦合的耦合环与磁场相互作用,交变磁场在耦合环的两端产生感应电压。

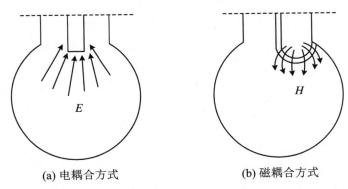

(a) 电耦合方式　　　　　　　(b) 磁耦合方式

**图 2.5　电耦合与磁耦合的典型结构**

在 pillbox 谐振腔中,耦合天线附近的电场分布与耦合环附近的磁场分布如图 2.6 所示。

麦克斯韦方程的积分形式为

$$\varepsilon_0 \oint_S \boldsymbol{E} \cdot \mathrm{d}\boldsymbol{S} = Q \tag{2.4a}$$

$$\oint_S \boldsymbol{B} \cdot \mathrm{d}\boldsymbol{S} = 0 \tag{2.4b}$$

$$\oint_C \boldsymbol{E} \cdot \mathrm{d}\boldsymbol{l} = -\int_S \frac{\partial \boldsymbol{B}}{\partial t} \cdot \mathrm{d}\boldsymbol{S} \tag{2.4c}$$

$$\frac{1}{\mu_0} \oint_C \boldsymbol{B} \cdot \mathrm{d}\boldsymbol{l} = I + \varepsilon_0 \int_S \frac{\partial \boldsymbol{E}}{\partial t} \cdot \mathrm{d}\boldsymbol{S} \tag{2.4d}$$

对于耦合天线,根据式(2.4d),天线附近的变化电场产生位移电流,进而在天线的内导体形成电流。此时,如果将谐振腔在天线处激励的电流等效成电流源,端口等效成负载,根据诺顿定理,耦合天线的等效电流源电路如图 2.7 所示。其中,并联电容 $C_s$ 是天线的等效电容,$R_L$ 是端口等效的负载阻抗。

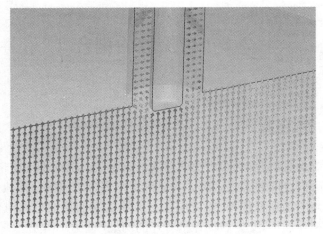

(a) 耦合天线附近的电场分布

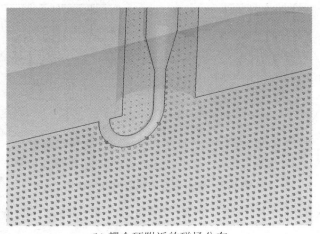

(b) 耦合环附近的磁场分布

图 2.6　耦合天线与耦合环附近的电磁场分布

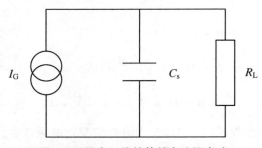

图 2.7　耦合天线的等效电流源电路

$I_G$ 是天线收集的电流,其值为

$$I_G = \varepsilon_0 \int_{S\_\text{antenna}} \frac{\partial \boldsymbol{E}}{\partial t} \cdot \mathrm{d}\boldsymbol{S} \tag{2.5}$$

上式的 $S\_\text{antenna}$ 表明积分是电场 $\boldsymbol{E}$ 在耦合天线附近的面积分。因为谐振腔中的电场具有简谐时间变化的形式,即

$$\boldsymbol{E} = \boldsymbol{E}(x,y,z) \cdot \mathrm{e}^{\mathrm{j}\omega t} \tag{2.6}$$

所以 $\frac{\partial}{\partial t}$ 可以用 $\mathrm{j}\omega$ 代替,式(2.5)可以进一步表示为

$$I_G = \mathrm{j}\omega\varepsilon_0 \int_{S\_\text{antenna}} \boldsymbol{E} \cdot \mathrm{d}\boldsymbol{S} \tag{2.7}$$

对于耦合环,根据式(2.4c),耦合环内部的磁场变化产生感应电动势,进而在内、外导体之间形成电压。此时,如果将谐振腔在耦合环处激励的电压等效成电压源,端口等效成负载,根据戴维南定理,耦合环的等效电压源电路如图 2.8 所示。其中,串联电容 $L_s$ 是耦合环的等效电感,$R_L$ 是端口等效的负载阻抗。

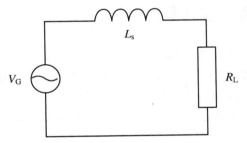

**图 2.8　耦合环的等效电压源电路**

图 2.8 中 $V_G$ 是耦合环感应的电压,其值为

$$V_G = \int_{S\_\text{loop}} \frac{\partial \boldsymbol{B}}{\partial t} \cdot \mathrm{d}\boldsymbol{S} \tag{2.8}$$

式(2.8)的 $S\_\text{loop}$ 表明积分是磁场 $\boldsymbol{B}$ 在耦合环内部的面积分。因为谐振腔中的磁场也具有简谐时间变化的形式,即

$$\boldsymbol{B} = \boldsymbol{B}(x,y,z) \cdot \mathrm{e}^{\mathrm{j}\omega t} \tag{2.9}$$

式(2.9)可以进一步表示为

$$V_G = \mathrm{j}\omega \int_{S\_\text{loop}} \boldsymbol{B} \cdot \mathrm{d}\boldsymbol{S} = \mathrm{j}\omega\mu_0 \int_{S\_\text{loop}} \boldsymbol{H} \cdot \mathrm{d}\boldsymbol{S} \tag{2.10}$$

## 2.2.2　耦合的等效电路

谐振腔作为一个高 $Q$ 值的储能器件,腔中会建立起很高的腔压。而耦合的输出端口在同轴线内、外导体间的电压较低。谐振腔的耦合天线与耦合环主要起到变压器作用。从结构上看,耦合只是腔的局部微扰。因此,耦合天线引入的耦合电

容,将作为谐振腔等效电容的微扰;耦合环引入的耦合电感,将作为谐振腔等效电感的微扰。二者会引起系统谐振频率的微小变化。耦合结构的变压器等效电路如图 2.9 所示,$n$ 为耦合结构的变压系数。

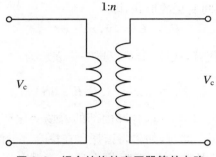

**图 2.9　耦合结构的变压器等效电路**

## 2.2.3　计算变压系数

如前所述,耦合结构在电路模型中等效为 $1 : n$ 变压器。那么,对于任意给定的谐振腔与耦合结构,可以通过电磁场仿真计算出变压系数 $n$。

在 CST 中,建立 pillbox 谐振腔的双端口天线耦合模型,如图 2.10 所示。在模型中有两个耦合天线,耦合天线 1 用于向腔中馈入功率,耦合天线 2 将腔中的功

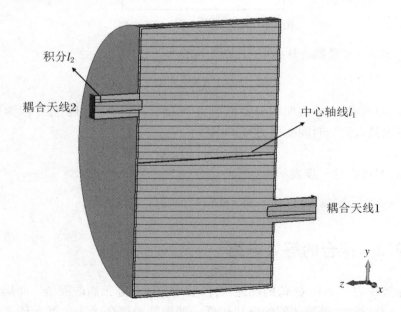

**图 2.10　pillbox 谐振腔双端口天线耦合模型**

率引出。此算例的目的是计算耦合天线 2 的变压系数 $n$。设定腔中电压用 $V_c$ 表示，通过天线 2 耦合变压后的电压用 $V_2$ 表示，则变压系数为

$$n = \frac{|V_c|}{|V_2|} \tag{2.11}$$

使用频域求解器 $F$ 可以计算出在谐振频率处的电场分布。腔压 $V_c$ 可以通过电场沿中心轴线 $l_1$ 的积分获得，积分公式为

$$|V_c| = \int_{l_1} |E_z| \, \mathrm{d}z \tag{2.12}$$

天线 2 的输出端是标准同轴线和匹配端口，所以天线 2 的耦合电压 $V_2$ 将在同轴线中以行波方式传输。耦合电压 $V_2$ 可以通过电场沿同轴线内、外导体之间连线 $l_2$ 的积分获得，积分公式为

$$|V_2| = \int_{l_2} |E_y| \, \mathrm{d}y \tag{2.13}$$

利用上述公式，可以计算出模型中天线 2 的变压系数 $n = 279.7613$。

## 2.3  谐振腔单端口耦合等效电路

在高频系统中，带单端口耦合的谐振腔是一个需要经常面对的物理模型。为了阐述问题方便，我们仍以 pillbox 谐振腔为例进行分析。在 CST 中建立单端口耦合的 pillbox 谐振腔模型，如图 2.11 所示，谐振腔的尺寸与参数与 2.1 节中的模型一致，只是在腔的一侧端面上插入了耦合天线。模型中耦合天线的设计与 2.2.3 小节中耦合天线 2 的设计一致。

此模型对应的等效电路如图 2.12 所示。在耦合端面右侧的等效电路，代表谐振腔和耦合天线部分。由于在三维模型中，耦合天线与 port 端口之间有一段同轴传输线，所以在等效电路中，此部分用长度为 $l$、特性阻抗为 $Z_0$ 的传输线代表。

在耦合端面，谐振腔与耦合天线的输入阻抗为

$$Z_{\mathrm{in}} = \frac{1}{n^2} \left( \frac{1}{R} + \frac{1}{\mathrm{j}\omega L} + \mathrm{j}\omega C \right)^{-1} \tag{2.14}$$

在谐振频率 $\omega_0$ 附近，上式可以近似简化为

$$Z_{\mathrm{in}} \approx \frac{1}{n^2} \frac{1}{1 + 2\mathrm{j}Q(\omega - \omega_0)/\omega_0} \tag{1.15}$$

利用图 2.11 的三维模型，使用频域求解器 $F$ 可以计算出图 2.12 等效电路中的各参数。由于频域求解器 $F$ 不会直接提供 $R_s$ 的计算结果，$R_s$ 需要通过场积分进行求解，$R_s$ 的计算公式为

$$R_s = \frac{|V_c|^2}{2P_c} \tag{2.16}$$

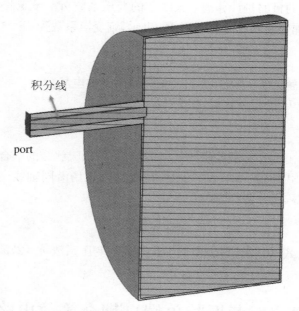

**图 2.11　单端口耦合的 pillbox 谐振腔模型**

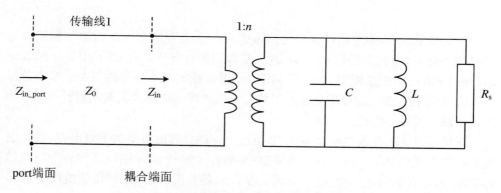

**图 2.12　谐振腔单端口耦合系统的等效电路**

谐振腔的表面电导率为 $5.8 \times 10^7$ S/m,对应的腔耗 $P_c$ 为 $0.4359$ W,$|V_c|$ 为 $2.6669 \times 10^3$ V。由此可计算出分路阻抗 $R_s$ 为 $8.1582 \times 10^6$ Ω。

谐振腔的 $Q_0$ 计算公式为

$$Q_0 = \frac{\omega_0 U}{P_c} \tag{2.17}$$

式中,$U$ 为腔中储能,其计算公式为

$$U = \frac{1}{2}\mu_0 \int_V |H|^2 \mathrm{d}v = \frac{1}{2}\varepsilon_0 \int_V |E|^2 \mathrm{d}v \tag{2.18}$$

利用场积分可以计算出腔中储能 $U = 5.6166 \times 10^{-6}$ J,由此可计算出 $Q_0 =$

$4.0408 \times 10^4$。进一步可以计算出等效电感 $L = 64.276441$ nH，等效电容 $C = 1.576877$ pf。

因为本模型中耦合天线的设计与 2.2.3 节中的耦合天线 2 设计一致，根据上一节的计算结果，可以知道本模型中耦合天线的变压系数 $n = 279.7613$。综上所述，图 2.12 所示等效电路的全部参数均已求出。

在 Design Studio 中建立等效电路仿真模型，如图 2.13 所示。模型中使用的等效电路参数在表 2.2 中列出。

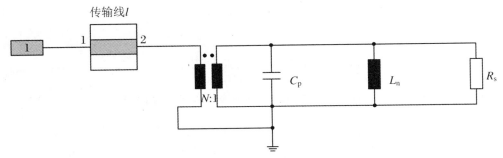

图 2.13　谐振腔单端口耦合等效电路仿真模型

表 2.2　谐振腔单端口耦合等效电路参数

| 电路参数 | 数值 |
| --- | --- |
| $C$ | 1.5768877 pf |
| $L$ | 64.276441 nH |
| $R_s$ | $8.1582 \times 10^6$ Ω |
| $N$ | 1/279.7613 |
| 传输线长度 1 | 60.93 mm |

通过比较三维模型和等效电路模型的仿真结果模型的计算结果，可以验证等效电路模型的准确性。在 port 端口处，$S_{11}$ 的计算结果对比在图 2.14 中给出。进一步地，在 port 处的输入阻抗 $Z_{\text{in\_port}}$ 的对比结果在图 2.15 中给出。可以看出，两种模型在 port 端口处计算得到的输入阻抗 $Z_{\text{in\_port}}$ 几乎一致。

进一步研究图 2.12 所示的等效电路模型与三维模型的对应关系，我们会好奇，用来定义谐振腔与耦合天线输入阻抗 $Z_{\text{in}}$ 的耦合端面在三维模型中应该对应哪个位置？我们可以通过输入阻抗的变换，来对这个问题进行推演。

在电路模型中，耦合端面的输入阻抗 $Z_{\text{in}}$ 通过长度为 $l$ 的传输线将输入阻抗变换到 port 端面处的 $Z_{\text{in\_port}}$。在图 2.13 的等效电路仿真模型中，由于我们设定传输线长度 $l$ 为 60.93 mm，从而使得三维模型与等效电路模型的 $Z_{\text{in\_port}}$ 仿真结果一致。因此，我们可以反推出，在三维模型中距离 port 端口 60.93 mm 处，为 $Z_{\text{in}}$ 对应的耦合端面。这一结论,也可以通过三维模型中同轴线内的场分布加以验证。

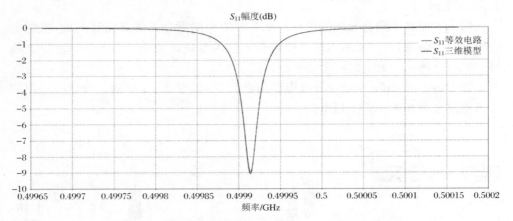

图 2.14　三维模型和等效电路模型 $S_{11}$ 计算结果对比

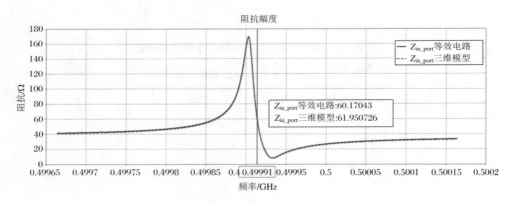

(a) 输入阻抗的幅频曲线

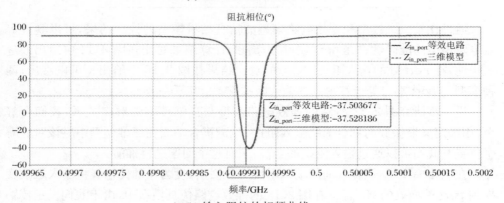

(b) 输入阻抗的相频曲线

图 2.15　三维模型和等效电路模型输入阻抗计算结果对比

在谐振频率点,耦合端面处的输入阻抗 $Z_{in}$ 为纯阻,此处正向传输电压 $V^+$ 和反向传输电压 $V^-$ 同相位叠加,因而此处的电场幅值最强,对应于同轴线中行、驻混波的波腹点。三维模型、同轴线中电场 $E$ 分布以及等效电路模型的对比图,如图 2.16 所示。从图中可以看出,推算的耦合端面位置 60.93 mm 处,刚好对应同轴线中电场幅度的最大值,与前面的理论预测相符。

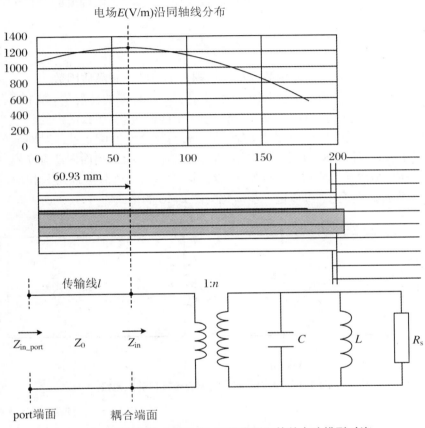

**图 2.16　同轴线中电场分布、三维模型和等效电路模型对比**

# 2.4　耦　合　度

## 2.4.1　耦合度的定义

耦合结构对谐振腔耦合的强弱,需要用耦合度来衡量。耦合度的定义为:谐振

腔在一定的储能下,从耦合端口馈出的功率与腔自身损耗的功率的比值。其计算公式为

$$\beta = \frac{P_{\mathrm{e}}}{P_{\mathrm{c}}} \tag{2.19}$$

式中,$P_{\mathrm{e}}$ 代表从耦合端口馈出的功率,$P_{\mathrm{c}}$ 代表腔自身损耗的功率。

根据公式(2.17),一定储能下品质因数与损耗的关系,耦合度的计算公式也可以等价表示为

$$\beta = \frac{Q_0}{Q_{\mathrm{e}}} \tag{2.20}$$

式中,$Q_0$ 表示腔自身的品质因数,$Q_{\mathrm{e}}$ 表示耦合端口的外载品质因数。

对于谐振腔的单端口耦合系统,在腔中具备一定储能的情况下,如果耦合端口没有将入射功率送入腔中,而是端口处端接一个匹配负载,那么谐振腔将成为一个信号源,腔压一部分用于产生自身腔耗,另一部分馈送给匹配负载。其对应的等效电路如图 2.17 所示,$V_{\mathrm{c}}$ 是腔中储能产生的腔压。从耦合端面向匹配负载 $R_{\mathrm{L}}$ 看去,由于 $R_{\mathrm{L}}$ 与传输线阻抗 $Z_0$ 相等,所以传输线和匹配负载可以用其相应的输入阻抗 $Z_0$ 代替。图 2.17 可以进一步简化为图 2.18 的形式。

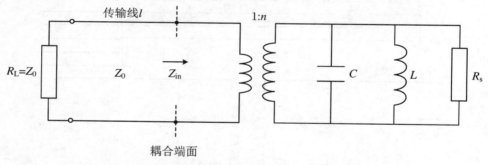

图 2.17    无源情况下谐振腔单端口等效电路

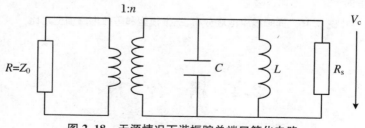

图 2.18    无源情况下谐振腔单端口简化电路

根据图 2.18,可以计算出腔耗 $P_{\mathrm{c}}$ 为

$$P_{\mathrm{c}} = \frac{|V_{\mathrm{c}}|^2}{2R_{\mathrm{s}}} \tag{2.21}$$

馈送给匹配负载的功率 $P_{\mathrm{e}}$ 为

$$P_e = \frac{|V_c|^2}{2n^2 Z_0} \tag{2.22}$$

由此可以得到耦合度 $\beta$ 为

$$\beta = \frac{R_s}{n^2 Z_0} \tag{2.23}$$

## 2.4.2 耦合的强弱

在系统的谐振频点,图 2.12 所示的单端口等效电路在耦合端面处的反射系数是实数,其大小为

$$\Gamma = \frac{\dfrac{R_s}{n^2} - Z_0}{\dfrac{R_s}{n^2} + Z_0} \tag{2.24}$$

系统的驻波比为

$$VSWR = \frac{1 + \left| \dfrac{\dfrac{R_s}{n^2} - Z_0}{\dfrac{R_s}{n^2} + Z_0} \right|}{1 - \left| \dfrac{\dfrac{R_s}{n^2} - Z_0}{\dfrac{R_s}{n^2} + Z_0} \right|} \tag{2.25}$$

根据 $\dfrac{R_s}{n^2}$ 和 $Z_0$ 的大小关系,耦合度分为三种情况。在谐振频点,三种情况下的耦合度可以表示为

$$\begin{cases} \beta = VSW, & \beta > 1,\text{过耦合} \\ \beta = 1, & \text{临界耦合} \\ \beta = \dfrac{1}{VSWR}, & \beta < 1,\text{欠耦合} \end{cases} \tag{2.26}$$

在 Design Studio 中,建立在耦合端面处的等效电路仿真模型如图 2.19 所示,模型中的电路参数仍使用表 2.2 中的数值。改变不同的变压系数 $n$,就可以得到

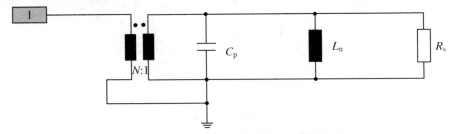

**图 2.19 在耦合端面处的等效电路仿真模型**

三种耦合状态下，耦合端面处 $S_{11}$ 的 Smith 圆图，如图 2.20 所示。对于谐振电路，$S_{11}$ 会在 Smith 圆图中形成一个轨迹圆，欠耦合时轨迹圆不包含原点，临近耦合时轨迹圆穿过原点，过耦合时轨迹圆包含原点。

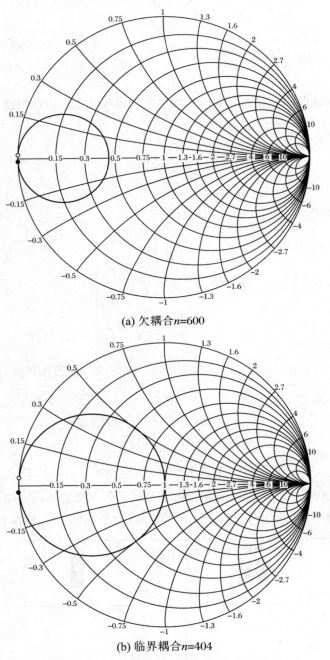

(a) 欠耦合n=600

(b) 临界耦合n=404

图 2.20　三种耦合状态下 $S_{11}$ 的 Smith 圆图

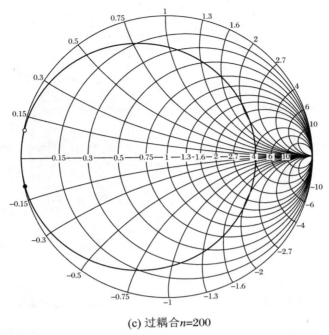

(c) 过耦合 $n=200$

**图 2.20 三种耦合状态下 $S_{11}$ 的 Smith 圆图(续)**

在耦合端面处 $S_{11}$ 的轨迹圆在图中是沿实轴对称的,然而在实际测试中,轨迹圆会处在圆图中的各个位置,并非沿实轴对称。这是由于测试端面与耦合端面之间的同轴传输线长度不同导致的。以欠耦合 $n=600$ 的情况为例,在图 2.13 的模型中改变传输线 $l$ 的长度,可以看到 $S_{11}$ 轨迹圆的位置会随着传输线长度的增加围绕原点顺时针旋转,而轨迹圆的大小不变,并且无论旋转到哪个位置轨迹圆都不包含原点,如图 2.21 所示。

这一现象,同样适用于临界耦合于过耦合情况。所以就可以得出一个一般性结论:在测试时,无论同轴传输线长度如何,对于测试端面 $S_{11}$ 而言,欠耦合时轨迹圆不包含原点,临近耦合时轨迹圆穿过原点,过耦合时轨迹圆包含原点。在实际测试中,使用 Smith 圆图是一个判断耦合状态的有效方法。

## 2.4.3 耦合的瞬态分析

对于一个谐振腔单端口耦合系统,在端口处的同一个驻波比,可以对应一个欠耦合状态和一个过耦合状态。从频域分析上看,在稳态时系统内的功率分配情况相同。那么欠耦合与过耦合的区别体现在哪里呢? 这一区别,可以通过时域的瞬态分析展现出来。

此处仍沿用图 2.19 所示的谐振腔单端口耦合等效电路仿真模型,在模型计算时不再使用频域求解器,而使用瞬态求解器。

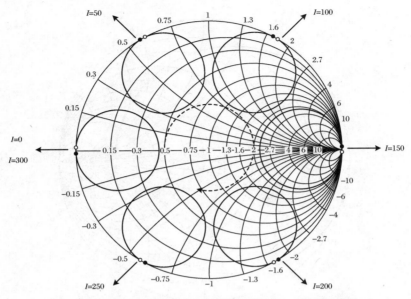

**图 2.21　随着传输线长度变化，轨迹圆在 Smith 圆图中旋转**

## 1. 欠耦合状态

将模型的耦合度设置为 0.5，此时 $S_{11}$ 的 Smith 圆图如图 2.22 所示，可以确定为欠耦合状态。

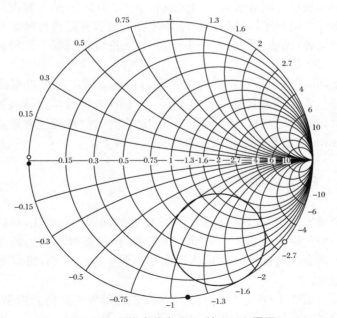

**图 2.22　欠耦合状态下 $S_{11}$ 的 Smith 圆图**

在进行瞬态仿真时,需要为仿真设置激励信号,如图 2.23 所示。激励信号是一个射频脉冲信号,前 1500 ns 是频率为 0.5 GHz 的正弦波,后 500 ns 信号强度为 0,信号总长度为 2000 ns。这样的激励信号可以模拟谐振腔加载功率和切断功率的过程。

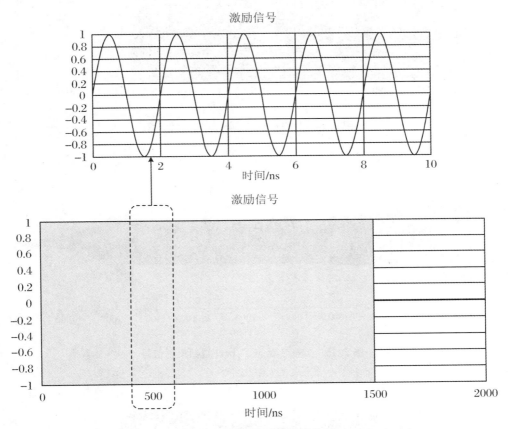

**图 2.23 瞬态仿真的激励信号**

仿真计算后,port 端口的入射信号如图 2.24 所示,入射信号的波形与激励信号保持一致。port 端口的反射信号如图 2.25 所示,反射信号的幅值随着时间缓慢衰减,在约 800 ns 后逐渐趋于稳定,当切断入射功率后,反射信号的幅值瞬间小幅提升(峰值小于 1),此后又开始缓慢衰减。

在并联电阻 $R_s$ 处设置 probe,可以监控腔压 $V_c$ 的变化,腔压 $V_c$ 的变化曲线如图 2.26 所示。腔压 $V_c$ 的幅值随着时间缓慢增大并趋于稳定,当切断入射功率后,腔压开始缓慢下降。

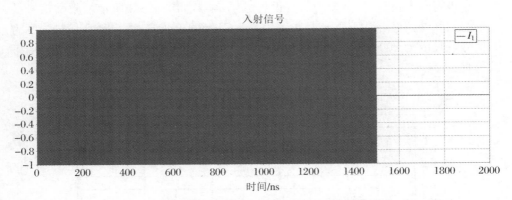

**图 2. 24　计算得到的 port 端口入射信号**

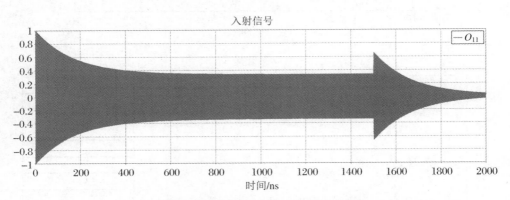

**图 2. 25　欠耦合状态下, port 端口反射信号**

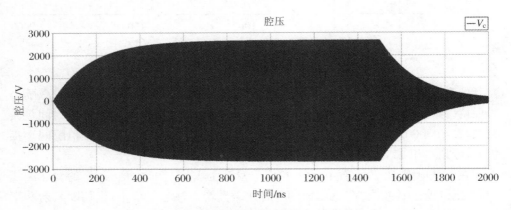

**图 2. 26　欠耦合状态下, 腔压 $V_c$ 变化曲线**

## 2. 临界耦合状态

将模型的耦合度设置为 1,此时 $S_{11}$ 的 Smith 圆图如图 2.27 所示,可以确定为临界耦合状态。

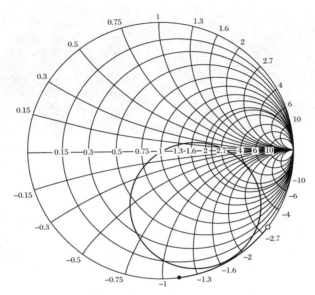

**图 2.27 临界耦合状态下 $S_{11}$ 的 Smith 圆图**

仿真时,仍使用图 2.23 所示的信号作为激励信号。计算得到的 port 端口的反射信号如图 2.28 所示。反射信号的幅值随时间快速衰减,在约 600 ns 后衰减至接近于 0 并且趋于稳定,当切断入射功率后,反射信号的幅值瞬间提升(峰值等于 1),然后又开始快速衰减。

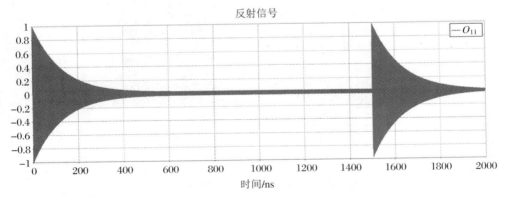

**图 2.28 临界耦合状态下,port 端口反射信号**

$R_s$ 处的 probe 监测到的腔压 $V_c$ 变化曲线如图 2.29 所示。相较于欠耦合状态,腔压 $V_c$ 的上升速度增快,随后趋于稳定,当切断入射功率后,腔压开始快速下降。

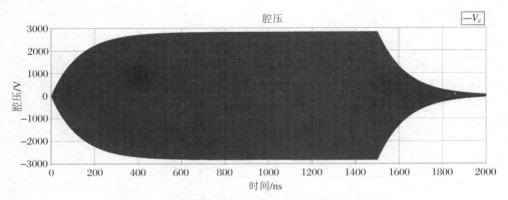

图 2.29　临界耦合状态下,腔压 $V_c$ 变化曲线

### 3. 过耦合状态

将模型的耦合度设置为 4,此时 $S_{11}$ 的 Smith 圆图如图 2.30 所示,可以确定为过耦合状态。

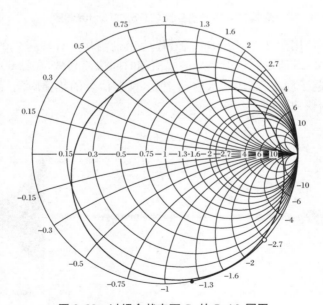

图 2.30　过耦合状态下 $S_{11}$ 的 Smith 圆图

仿真时,仍使用图 2.23 所示的信号作为激励信号。计算得到的 port 端口的

反射信号如图 2.31 所示。反射信号的幅值先快速衰减,降至 0 后幅值开始快速增大,在约 300 ns 后开始趋于稳定,当切断入射功率后,反射信号的幅值瞬间大幅提升(峰值大于 1),此后又开始快速衰减。

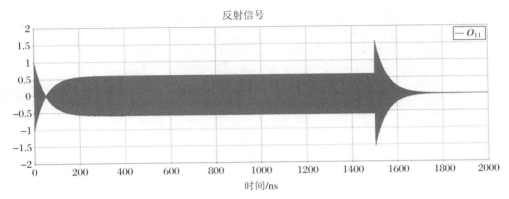

图 2.31　过界耦合状态下,port 端口反射信号

$R_s$ 处的 probe 监测到的腔压 $V_c$ 变化曲线如图 2.32 所示。相较于临界耦合状态,腔压 $V_c$ 的上升速度更快,当切断入射功率后,腔压开始快速下降。

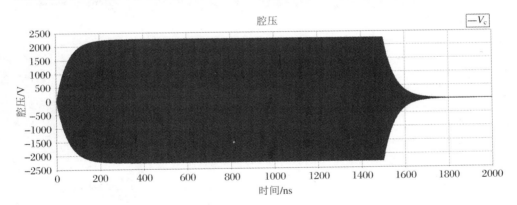

图 2.32　过耦合状态下,腔压 $V_c$ 变化曲线

### 4. 对比分析

通过上面的计算,可以看到耦合度对系统内的功率和腔压的升降速度有较大的影响,耦合强功率升降速度快,耦合弱功率升降速度慢。为了将这一区别更直观地呈现出来,可以将欠耦合、临界耦合和过耦合三种状态下的功率信号,放在同一幅图中对比。

反射信号的对比如图 2.33 所示。从图中可以明显看出,三种状态下反射信号的不同。耦合越强,反射信号的升降速率越快。并且在切断入射功率的一瞬间,在过耦合状态,反射信号会形成一个明显的过冲,过冲的幅度甚至会大于入射信号的幅度。

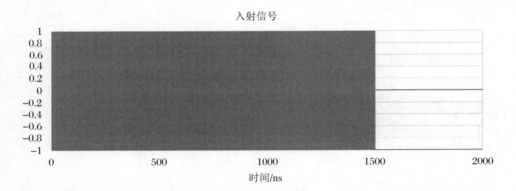

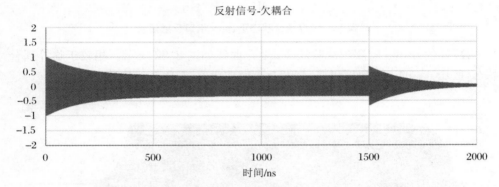

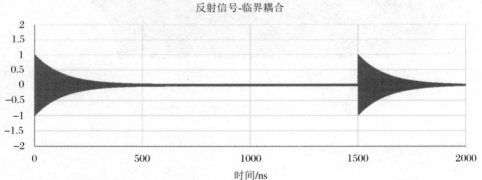

图 2.33　三种状态下,反射信号对比

反射信号-过耦合

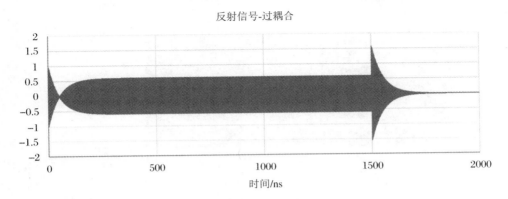

**图 2.33　三种状态下,反射信号对比(续)**

腔压 $V_c$ 的对比如图 2.34 所示。在欠耦合状态下,由于腔压上升速率慢,在 1000 ns 以后,腔压才慢慢达到稳定状态,伴随着切断入射功率,腔压又开始缓慢下降。随着耦合的加强,腔压的升降速率也随之加快。在过耦合状态下,在大约 300 ns 之后,腔压就已经达到了稳定状态,伴随着切断入射功率,腔压才开始快速下降。对于加速器高频系统,总希望系统工作在轻微过耦合状态,这样腔压的响应速率较快,更利于系统的稳定运行。

入射信号

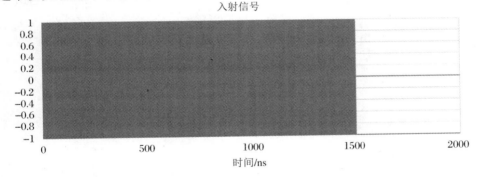

腔压$V_c$-欠耦合

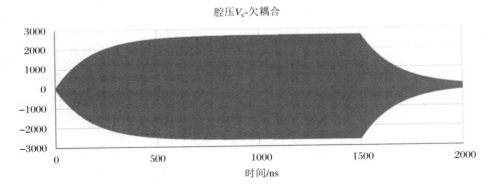

**图 2.34　三种状态下,腔压 $V_c$ 变化情况对比**

入射信号

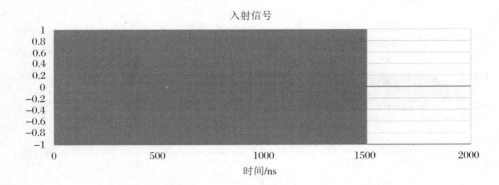

时间/ns

腔压$V_c$-欠耦合

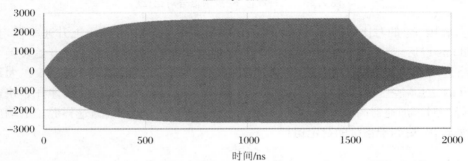

时间/ns

**图 2.34　三种状态下,腔压 $V_c$ 变化情况对比(续)**

# 第 3 章 耦 合 器

耦合器是一种功率传输部件，用来向谐振腔中馈入微波功率。如果不考虑与谐振腔发生作用的耦合天线，在高频系统中可以将耦合器看作一段阻抗不连续的传输线。TDR 是进行阻抗测量的有效手段，TDR 的测试原理可以在传输线模型中通过多次反射的方法进行分析求解。TDR 本身是一种时域测量方法，可以使用阶跃信号在时域上进行直接测量。如果对微波结构进行频域 $S$ 参数的测量更加方便，那么可以结合傅里叶变换，对 TDR 进行频域测量。

对于工作频率较高的耦合器，通常包含门钮结构。门钮是一种波导同轴转换器，由于门钮的两个端口形式不同、阻抗不同，描述其微波性能需要使用广义 $S$ 参数。阻抗和等效电压是将场分布与等效电路建立起联系的重要物理量，本章以方波导为例，讨论了通过场分布获得方波导特性阻抗和等效电压的方法。

耦合器可以看作由门钮、陶瓷窗和同轴线级联构成，使用微波网络参数可以很方便地处理系统级联问题。在此基础上，可以对耦合器的各部分进行单独设计，在得到各部分的 $S$ 参数后，通过级联仿真便可获得耦合器的整体性能。

## 3.1  时域反射计(TDR)

### 3.1.1  TDR 原理

TDR(Time Domain Reflector)，又称时域反射计，常用来测试传输线阻抗。TDR 通过测量入射电压和反射电压来计算传输线阻抗。下面介绍一下 TDR 的测试原理与计算公式。

假设一段传输线的阻抗分布如图 3.1 所示。在输入端口施加入射电压 $V^+$，$V^+$ 是一个阶跃信号，其形式如图 3.2 所示。

当信号 $V^+$ 沿传输线 $Z_0$ 传播时，无反射信号，此时有

$$\frac{V^-}{V^+} = \frac{Z_0 - Z_0}{Z_0 + Z_0} = 0 \tag{3.1}$$

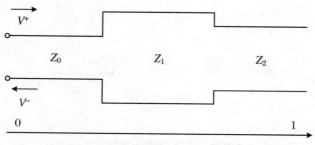

图 3.1　不同阻抗分布的传输线

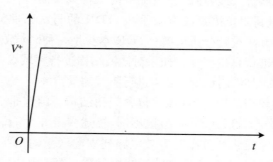

图 3.2　阶跃信号

当信号 $V^+$ 遇到传输线 $Z_1$ 时，由于阻抗不匹配会产生反射信号，反射信号 $V^-$ 的大小由阻抗决定，此时有

$$\frac{V^-}{V^+} = \frac{Z_1 - Z_0}{Z_1 + Z_0} \tag{3.2}$$

当信号 $V^+$ 遇到传输线 $Z_1$ 产生反射后，仍有一部分信号 $V_1^+$ 沿传输线 $Z_1$ 继续向前传播，此时有

$$V_1^+ = \frac{2Z_1}{Z_1 + Z_0} V^+ \tag{3.3}$$

当信号 $V_1^+$ 遇到传输线 $Z_2$ 时，由于阻抗不匹配会产生反射信号，反射信号沿传输线 $Z_1$ 反向传输。反射信号遇到传输线 $Z_0$，由于阻抗不匹配又会产生新的反射并且有一部分信号沿着传输线 $Z_0$ 反向传输。如此反复不断循环，就会在传输线 $Z_1$ 内部产生多次反射，这一过程可以通过图 3.3 描述。

通过上面的描述可以看出，达到稳态后，在端口测量的反射电压是一系列反射信号的叠加。此时反射电压和入射的关系满足

$$\frac{V^-}{V^+} = \Gamma_1 + T_1 T_2 \Gamma_3 + T_1 T_2 \Gamma_3 \cdot \Gamma_3 \Gamma_2 + T_1 T_2 \Gamma_3 \cdot (\Gamma_3 \Gamma_2)^2 + \cdots$$

$$\tag{3.4}$$

上式的后半部分为等比数列求和，进一步化简可以得到

$$\frac{V^-}{V^+} = \Gamma_1 + \frac{T_1 T_2 \Gamma_3}{1 - \Gamma_3 \Gamma_2} \tag{3.5}$$

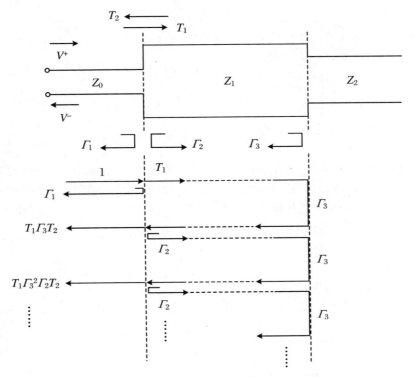

图 3.3 信号在传输线上多次反射

式中的系数可以表示成

$$\Gamma_1 = \frac{Z_1 - Z_0}{Z_1 + Z_0} \tag{3.6a}$$

$$\Gamma_2 = \frac{Z_0 - Z_1}{Z_1 + Z_0} \tag{3.6b}$$

$$\Gamma_3 = \frac{Z_2 - Z_1}{Z_2 + Z_1} \tag{3.6c}$$

$$T_1 = \frac{2Z_1}{Z_1 + Z_0} \tag{3.6d}$$

$$T_2 = \frac{2Z_0}{Z_1 + Z_0} \tag{3.6e}$$

将式(3.6)代入式(3.5)中,可以得到

$$\frac{V^-}{V^+} = \frac{Z_1 - Z_0}{Z_1 + Z_0} + \frac{\dfrac{2Z_1}{Z_1 + Z_0} \cdot \dfrac{2Z_0}{Z_1 + Z_0} \cdot \dfrac{Z_2 - Z_1}{Z_2 + Z_1}}{1 - \dfrac{Z_2 - Z_1}{Z_2 + Z_1} \cdot \dfrac{Z_0 - Z_1}{Z_1 + Z_0}} \tag{3.7}$$

将上式进一步化简可以得到

$$\frac{V^-}{V^+} = \frac{Z_2 - Z_0}{Z_2 + Z_0} \tag{3.8}$$

将上面的计算结果加以整理,可以得到 3 段传输线端口电压与阻抗的关系

$$\frac{V^-}{V^+} = \begin{cases} \dfrac{Z_0 - Z_0}{Z_0 + Z_0}, & 信号传输到 Z_0 上 \\[2mm] \dfrac{Z_1 - Z_0}{Z_1 + Z_0}, & 信号传输到 Z_1 上 \\[2mm] \dfrac{Z_2 - Z_0}{Z_2 + Z_0}, & 信号传输到 Z_2 上 \end{cases} \tag{3.9}$$

从式(3.8)可以看出,对于阶跃信号,传输线 $Z_1$ 对于传输线 $Z_2$ 起到了阻抗变换作用,相当于把传输线 $Z_2$ 直接端接到传输线 $Z_0$ 上。利用阻抗变换的这一思路,可以将式(3.9)的 3 段传输线计算结果扩展到 4 段、5 段,乃至无穷多段传输线上。于是,可以得到端口电压与传输线阻抗的一般关系

$$\frac{V^-(t)}{V^+(t)} = \frac{Z(l) - Z_0}{Z(l) + Z_0}, \quad l = c\,\frac{t}{2} \tag{3.10}$$

其中,$l$ 是传输线的长度,$c$ 是传输线中的光速。

将式(3.10)进一步化简,可以得到传输线的阻抗计算公式:

$$Z(l) = Z_0\,\frac{V^+(t) + V^-(t)}{V^+(t) - V^-(t)}, \quad l = c\,\frac{t}{2} \tag{3.11}$$

## 3.1.2　TDR 时域仿真

TDR 本身是一个时域的动态过程,利用 CST 的时域求解器,可以很好地进行 TDR 仿真计算。

首先建立传输线仿真模型,如图 3.4 所示。模型由 3 段不同特性阻抗的同轴传输线组成,3 段传输线的物理参数在表 3.1 中列出。

传输线1　　　　　　　　传输线2　　　　　　　　传输线3

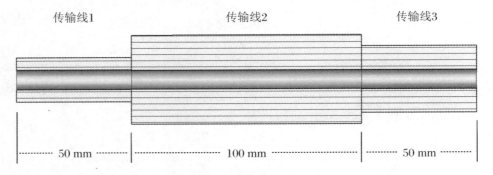

·········· 50 mm ··········　·········· 100 mm ··········　·········· 50 mm ··········

**图 3.4　传输线仿真模型**

表 3.1 传输线模型的物理参数

| | 内导体半径/mm | 外导体半径/mm | 特性阻抗/Ω |
|---|---|---|---|
| 传输线 1 | 4.348 | 10 | 49.97 |
| 传输线 2 | 4.348 | 20 | 91.56 |
| 传输线 3 | 4.348 | 15 | 74.30 |

在端口 1 施加阶跃信号作为激励,如图 3.5 所示。激励信号上升时间为 0.1 ns,总长度为 5 ns。仿真后,在端口 1 的输出信号如图 3.6 所示。

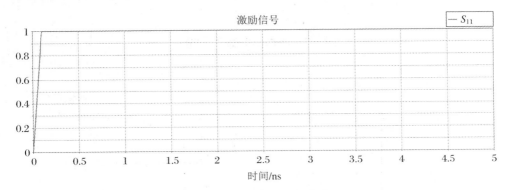

图 3.5 阶跃信号作为激励

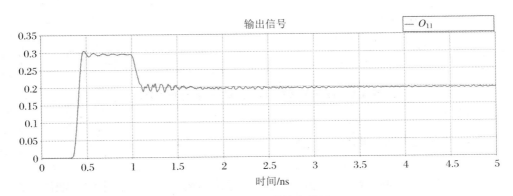

图 3.6 端口 1 的输出信号

利用式(3.11),经过后处理,可以计算得到传输线阻抗的时间分布,如图 3.7 所示。将时间换算到长度,可以得到阻抗沿传输线的分布,如图 3.8 所示,实线代表 TDR 计算的阻抗分布,虚线代表传输线实际的阻抗分布。受阶跃信号的上升时间影响,TDR 的空间分辨率受一定限制,在信号平稳后,TDR 计算的阻抗值与实际阻抗值基本一致。

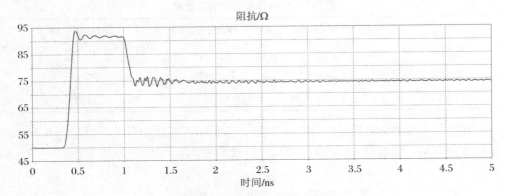

**图 3.7　传输线阻抗的时间分布**

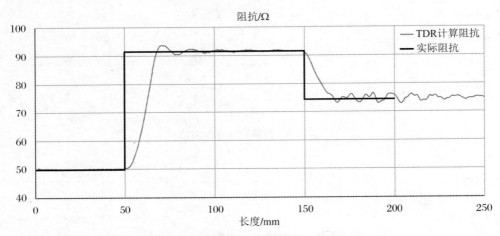

**图 3.8　TDR 时域阻抗计算结果与实际阻抗对比**

## 3.1.3　TDR 频域仿真

TDR 作为一种时域的计算方法,也可以通过频域的方式进行求解。如果知道一个系统的频域特性,那么通过傅里叶逆变换就可以求得系统的时域特性,基于这一思想便可以在频域进行 TDR 仿真。

首先,需要明确信号在时域与频域的对应关系。在频域求解器中,可以计算出传输线系统的 $S_{11}(f)$。从信号与系统的角度看,$S_{11}(f)$ 表示传输线系统在端口 1 的频率响应,其在时域上对应的是传输线系统在端口 1 的冲激响应 $h(t)$,二者的关系可以表示为

$$S_{11}(f) = \text{FFT}\big[h(t)\big] \tag{3.12}$$

上式表明,系统的频率响应是冲激响应的傅里叶变换。由于本书中处理的都

是离散信号,所以用 FFT(快速傅里叶变换)来代表傅里叶变换。

端口 1 的输入信号用 $V^+(t)$ 表示,端口 1 的输出信号用 $V^-(t)$ 表示,二者的关系可以表示为

$$V^-(t) = \int_{-\infty}^{+\infty} V^+(\tau)h(t-\tau)\mathrm{d}\tau = V^+(t) * h(t) \tag{3.13}$$

上式表明,端口 1 的输出信号 $V^-(t)$ 等于输入信号 $V^+(t)$ 与冲激响应 $h(t)$ 的卷积。

对式(3.13)两端做傅里叶变换,并利用傅里叶变换的等价关系可以得到

$$\mathrm{FFT}[V^-(t)] = \mathrm{FFT}[V^+(t)] \cdot S_{11}(f) \tag{3.14}$$

TDR 需要使用的输入信号为阶跃信号 $\varepsilon(t)$,那么此处可以令输入信号为

$$V^+(t) = \varepsilon(t) \tag{3.15}$$

那么与之对应的输出信号响应为

$$V^-(t) = \mathrm{IFFT}[\mathrm{FFT}[\varepsilon(t)] \cdot S_{11}(f)] \tag{3.16}$$

此处用 IFFT 代表傅里叶逆变换。

将式(3.16)代入式(3.11),可以得到频域下阻抗分布的计算公式:

$$Z(l) = Z_0 \frac{\varepsilon(t) + \mathrm{IFFT}[\mathrm{FFT}[\varepsilon(t)] \cdot S_{11}(f)]}{\varepsilon(t) - \mathrm{IFFT}[\mathrm{FFT}[\varepsilon(t)] \cdot S_{11}(f)]}, \quad l = c\frac{t}{2} \tag{3.17}$$

在 CST 频域求解器中,仍使用图 3.4 所示的传输线模型。模型在 $0 \sim 10\,\mathrm{GHz}$ 频率范围内,$S_{11}$ 的仿真结果如图 3.9 所示。

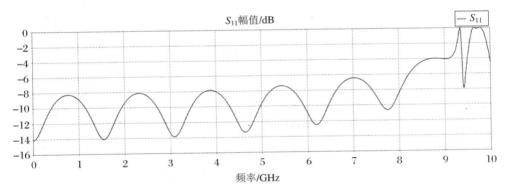

**图 3.9　$S_{11}$ 的频域仿真结果**

阶跃信号的 FFT 结果如图 3.10 所示。

将 $S_{11}$ 的计算结果和阶跃信号 FFT 的结果代入式(3.17),可以计算出传输线阻抗的时间分布,如图 3.11 所示。将时间换算到长度,可以得到阻抗沿传输线的分布。将 TDR 的时域计算结果与频域计算结果,以及实际的阻抗分布绘制在一张图中,如图 3.12 所示。图中实线代表 TDR 的时域计算结果,虚线代表 TDR 的频域计算结果,可以看出时域与频域计算结果基本一致,频域的计算曲线要略微平稳一些。

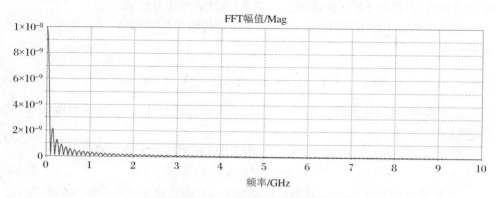

图 3.10　阶跃信号的 FFT 变换

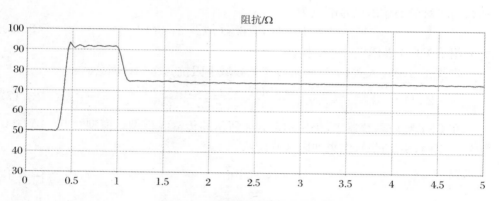

图 3.11　传输线阻抗的时间分布

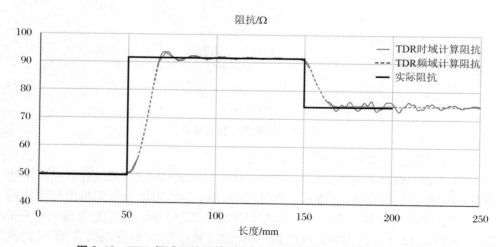

图 3.12　TDR 频域阻抗计算结果与时域计算结果以及实际阻抗对比

TDR 频域计算的时间分辨率,根据傅里叶变换的基本原理,由频域的带宽决定。通常频域计算的起始频率是 0,那么带宽 $B$ 就由终止频率 $f_{max}$ 决定,可以表示为

$$B = f_{max} \tag{3.18}$$

根据傅里叶变换,时域的采样间隔 $\Delta t$ 与频域带宽的关系为

$$\Delta t = \frac{1}{f_{max}} \tag{3.19}$$

所以,根据式(3.17),TDR 频域计算的空间分辨率 $\Delta l$ 为

$$\Delta l = c \frac{1}{2f_{max}} \tag{3.20}$$

## 3.2　陶瓷窗的阻抗分析

大多数的耦合器都采用同轴结构,一般来说同轴线的特性阻抗会选择 50 Ω。为了进行真空密封,需要在同轴线的内、外导体之间焊接陶瓷,这样的结构通常称为陶瓷窗。陶瓷为介质材料,具有较大的介电常数,从而导致陶瓷窗的局部阻抗分布不均匀。

同轴型陶瓷窗一般会采用两种结构的瓷片,一种是平板形陶瓷片,另一种是圆柱形陶瓷片。下面分别对这两种瓷片类型的陶瓷窗进行阻抗分析。为了计算方便,下文采用时域 TDR 进行仿真。

### 3.2.1　平板陶瓷窗阻抗分析

平板陶瓷窗的 RF 模型如图 3.13 所示。平板形陶瓷片处于窗体中央,在陶瓷片的两侧有 choke 结构,为了便于计算,在陶瓷窗的两侧各增加了一段同轴线。在端口 1 设置的激励信号为阶跃信号,如图 3.14 所示。

时域 TDR 计算得到的阻抗分布如图 3.15 所示,图中横轴已经转换成距离端口 1 的距离。可以截取 TDR 阻抗分布的一段与陶瓷窗的结构进行对比,如图 3.16 所示,图中为了便于显示改变了陶瓷窗结构的纵横比。

在同轴线部分,同轴线的特性阻抗为 50 Ω。由于陶瓷窗包含 choke 结构和平板陶瓷,此处的阻抗开始不再均匀、产生波动。如果 choke 结构和陶瓷参数选择得合适,那么此处的阻抗波动将会较小,反之则较大。经过陶瓷窗后,由于时域信号的抖动,阻抗经过缓慢的振荡又逐渐趋近 50 Ω。

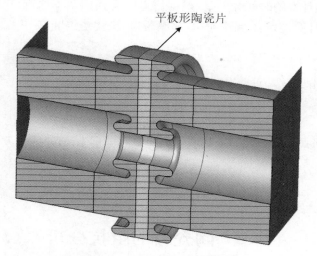

图 3.13　平板陶瓷窗仿真模型

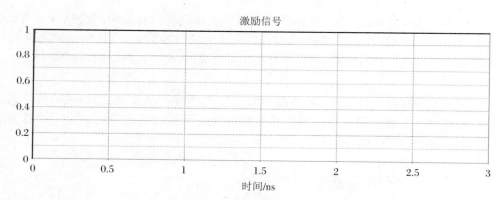

图 3.14　时域 TDR 使用的阶跃信号

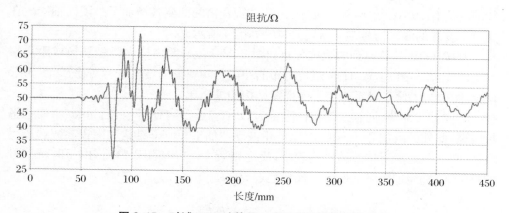

图 3.15　时域 TDR 计算得到的平板陶瓷窗阻抗分布

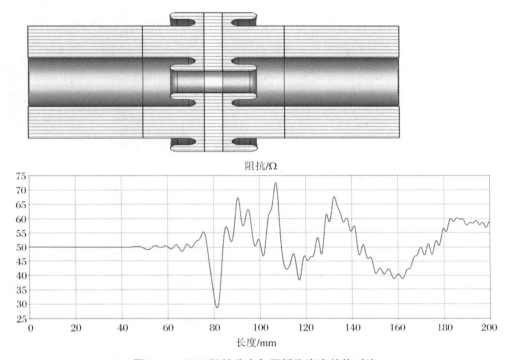

图 3.16　TDR 阻抗分布与平板陶瓷窗结构对比

## 3.2.2　圆柱陶瓷窗阻抗分析

圆柱陶瓷窗的 RF 模型如图 3.17 所示。图中内、外导体的中间位置为圆柱形陶瓷片,陶瓷片与内、外导体同心。在端口 1 设置的激励信号仍为阶跃信号,与图 3.14 所示信号相同。

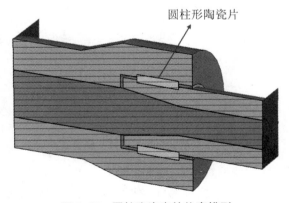

图 3.17　圆柱陶瓷窗的仿真模型

时域 TDR 计算得到的阻抗分布如图 3.18 所示,图中横轴已经转换成距离端口 1 的距离。仍截取 TDR 阻抗分布的一段与陶瓷窗的结构进行对比,如图 3.19 所示,图中为了便于显示也改变了陶瓷窗结构的纵横比。

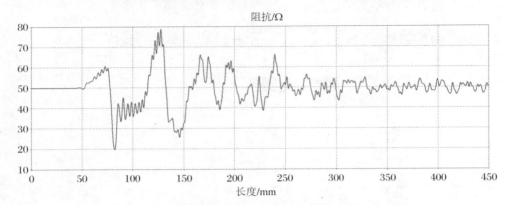

**图 3.18　时域 TDR 计算得到的圆柱陶瓷窗阻抗分布**

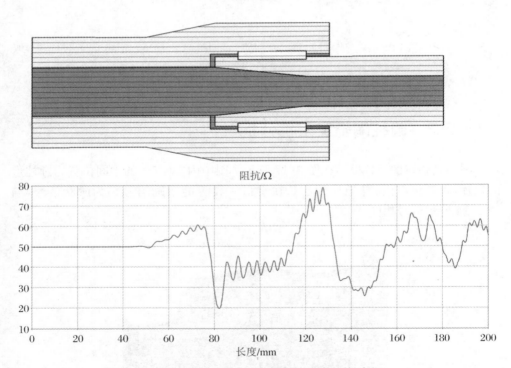

**图 3.19　TDR 阻抗分布与圆柱陶瓷窗结构对比**

在同轴线部分,同轴线的特性阻抗仍为 50 Ω。在 taper 变径处,随着外导体直径增大阻抗也逐渐增大。进入瓷片部分,陶瓷的介电常数较大,而且内导体尺寸变小,阻抗出现了上下波动。经过陶瓷窗体后,由于时域信号的抖动,阻抗经过缓慢的振荡又逐渐趋近 50 Ω。

通过上面的分析可以看出,陶瓷窗会引起传输线局部阻抗的变化。如果优化得较好,那么阻抗的波动较小。由于耦合器是窄带工作的微波器件,所以并不必过分追求陶瓷窗的阻抗匹配。因为,在较窄的频带内,即使陶瓷窗局部阻抗失配,也可以通过优化耦合器的其他部分的结构,保证耦合器的整体传输性能。

# 3.3　门钮的网络分析

## 3.3.1　方波导的阻抗、等效电压与电流

不同于同轴线有唯一的特性阻抗,方波导的阻抗通常使用波阻抗来描述,在不同频率下方波导的波阻抗并不相同。阻抗是连接微波电磁场理论和传输线理论的纽带,理解阻抗的概念对于理论分析、仿真计算,以及实际测试都很有帮助。

在传输线理论中,阻抗通常与等效电压和等效电流联系在一起。对于同轴线,由于传输的是 TEM 波,在同一截面上,场沿圆周方向均匀分布,内、外导体间任意两点之间电压相同,即具有唯一性,因此可以很容易地定义同轴线的电压。同轴线内、外导体间的电压也是可以实际测量的。

对于方波导,如何定义等效电压就变得困难了。方波导 TE10 模式的电场分布如图 3.20 所示,从图中可以看出,电场沿波导宽边分布并不均匀。所以,在同一截面上,波导上、下边两点之间的积分电压不具有唯一性。所以,如何选取积分路径,从而合理的定义等效电压与等效电流,进而使方波导的场、路关系得到统一,就是要面临的实际问题。

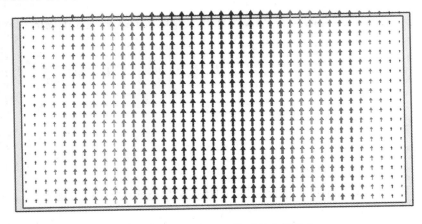

**图 3.20　方波导 TE10 模型的电场分布**

对于波导,定义等效电压、电流和阻抗的思路,可以遵循以下三点[1]:

(1) 定义的等效电压正比于横向电场,定义的等效电流正比于横向磁场;

(2) 按照传输线理论,定义的等效电压和等效电流的乘积应当等于场的功率流;

(3) 在行波情况下,定义的等效电压与等效电流之比应等于波导的特性阻抗,波导的特性阻抗通常选定为波阻抗,或者将它归一化为 1。

下面就以方波导的 TE10 为例,介绍等效电压及其积分路径的选取过程。

在方波导中,TE10 模式的电磁场通解为

$$E_y(x,y,z) = \frac{j\omega\mu a}{\pi}A\sin\frac{\pi x}{a}e^{-j\beta z} = A_1\sin\frac{\pi x}{a}e^{-j\beta z}, \quad A_1 = \frac{j\omega\mu a}{\pi}A$$

$$H_x(x,y,z) = \frac{j\beta a}{\pi}A\sin\frac{\pi x}{a}e^{-j\beta z} = A_2\sin\frac{\pi x}{a}e^{-j\beta z}, \quad A_2 = \frac{j\beta a}{\pi}A \quad (3.21)$$

在式(3.21)中,$a$ 表示波导宽边长度。$\sin\frac{\pi x}{a}$ 描述横向电场和横向磁场沿波导宽边的分布。$A_1$ 和 $A_2$ 则反映了横向电场和横向磁场的强弱。

方波导中,TE 模式的波阻抗为

$$Z_{TE} = \frac{\omega\mu}{\beta} = \frac{E_y(x,y,z)}{H_x(x,y,z)} = \frac{A_1}{A_2} \quad (3.22)$$

式(3.22)表明,方波导中的波阻抗是横向电场与横向磁场的比值。

在分析时,可以考虑波导中只有正向传输电磁场(即行波状态)的情况,因为实际波导中的电磁场是由正向传输电磁场和反向传输电磁场叠加而成的,类似于传输线理论中的正向传输电压、电流和反向传输电压、电流。

首先,遵循思路(1)的要求,等效电压应正比于横向电场,可以定义等效电压为

$$V = C_1 A_1 \quad (3.23)$$

同理,等效电流应正比于横向磁场,可以定义等效电流为

$$I = C_2 A_2 \quad (3.24)$$

然后,遵循思路(2)的要求,等效电压和等效电流的乘积应等于场的功率流,这可以表示为

$$P = \frac{1}{2}VI^* = \frac{1}{2}C_1 C_2 A_1 A_2^* = \frac{1}{2}\iint E_y H_x^* \, ds = \frac{1}{2}A_1 A_2^*\iint\left(\sin\frac{\pi x}{a}\right)^2 dxdy$$

$$(3.25)$$

式(3.25)化简后可以得到

$$C_1 C_2 = \frac{ab}{2} \quad (3.26)$$

式中,$b$ 表示波导窄边长度。

最后,遵循思路(3)的要求,将波导的特性阻抗选定为波阻抗,则有

$$Z_0 = \frac{V}{I} = \frac{C_1 A_1}{C_2 A_2} = Z_{TE} \quad (3.27)$$

将式(3.22)代入式(3.27),化简后可得

$$\frac{C_1}{C_2} = 1 \tag{3.28}$$

联合式(3.26)和式(3.28),可以求解出

$$C_1 = C_2 = \sqrt{\frac{ab}{2}} \tag{3.28}$$

将式(3.28)代入式(3.23)便可以得到等效电压为

$$V = \sqrt{\frac{ab}{2}} A_1 \tag{3.29}$$

既然已经得到了等效电压的值,接下来,问题就变成了如何选取积分路径 $l_1$ 使得电场 $E_y$ 可以积分得到等效电压。如图 3.21 所示,沿垂直向上的方向对电场 $E_y$ 进行积分,可以得到

$$V(x) = A_1 \int_0^b \sin\frac{\pi x}{a} \mathrm{d}y = A_1 b \sin\frac{\pi x}{a} \tag{3.30}$$

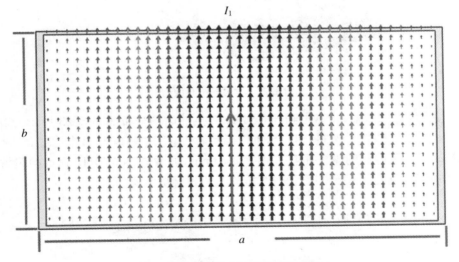

**图 3.21　方波导中的电场积分路径**

下面考虑特定情况,选取积分线的位置为方波导宽边的中点,即图 3.21 中的积分线 $l_1$。那么可以得到

$$V\left(\frac{a}{2}\right) = A_1 b \tag{3.31}$$

如果进一步规定方波导的宽边与窄边满足 2 倍关系,即

$$a = 2b \tag{3.32}$$

将式(3.32)代入式(3.29)中,可以得到

$$V = \sqrt{\frac{2b \cdot b}{2}} A_1 = b A_1 \tag{3.33}$$

对比式(3.33)和式(3.31)可以发现,当方波导的宽边是窄边的 2 倍时,选取方波导宽边中线 $l_1$ 作为积分线,即可得到前面定义的等效电压。

这也是在标准波导中,宽边长度总为窄边长度 2 倍的原因所在。这样在实际测试中,只需测量上、下宽边中点间的电压即可测出波导的等效电压。

为了对以上分析加以验证,可以在 CST 中建立波导仿真模型,如图 3.22 所示。波导的尺寸选择 WR1800 标准波导,其宽边长度为 457.2 mm,窄边长度为 228.6 mm,主模工作频率为 0.41 GHz～0.62 GHz。

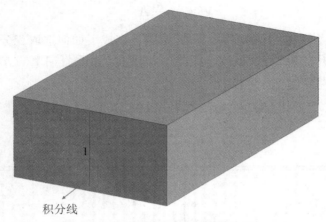

积分线

**图 3.22　方波导仿真模型**

使用频域求解器,计算得到 500 MHz 频点的电场分布如图 3.23 所示。对电场沿图 3.24 中的积分线进行积分,可以得到等效电压的幅值为 $|V| = 22.3506 \text{ V}$。在端口 1 计算得到的端口阻抗如图 3.24 所示,波导在 500 MHz 频点的阻抗为 $Z_0 = 498.9737 \ \Omega$。由此可以计算出,端口 1 的入射功率为

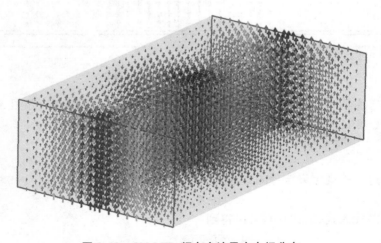

**图 3.23　500 MHz 频点方波导中电场分布**

$$P = \frac{|V|^2}{2Z_0} = 0.5006(\mathbf{W}) \tag{3.34}$$

在 CST 频域求解器中,端口的默认功率设置为 0.5 W,与式(3.34)的计算结果一致。由此可见,前面介绍的等效电压定义方法是有效且自洽的。

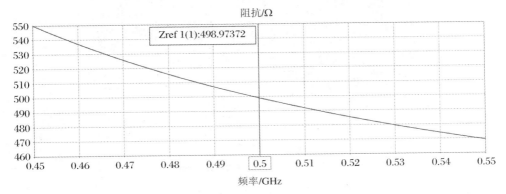

图 3.24 方波导的波阻抗

通过前面的介绍,已经明确了方波导等效电压的定义方法和大小。那么使用等效电压就可以对方波导进行传输线模型的描述,方波导中的电压波可以表示为

$$V = V^+ e^{-j\beta z} + V^- e^{j\beta z} \tag{3.35}$$

方波导中的电流波可以表示为

$$I = I^+ e^{-j\beta z} - I^- e^{j\beta z} = \frac{1}{Z_0}(V^+ e^{-j\beta z} - V^- e^{j\beta z}) \tag{3.36}$$

## 3.3.2　广义 S 参数

门钮是一种波导同轴转换结构,褪去其复杂的局部结构,其基本的 RF 模型如图 3.25 所示。图中,同轴线的特性阻抗为 50 Ω,方波导的尺寸为 WR1800 标准波导。

在 500 MHz 频点,计算得到的电场分布如图 3.26 所示。从图中可以看出,门钮的作用是把同轴线中的 TEM 场转换成方波导中的 TE10 场。门钮作为一个双端口网络,它包含两种不同类型的端口,一个是同轴端口,另一个是波导端口,两种端口的阻抗不同。

对于这种端口阻抗不同的微波网络,需要使用广义 S 参数进行描述。为了便于进行对比分析,我们首先了解一下 S 参数,即散射矩阵。S 参数描述的是,各端口阻抗相同的情况下,微波网络入射电压和反射电压的关系,其表达式为

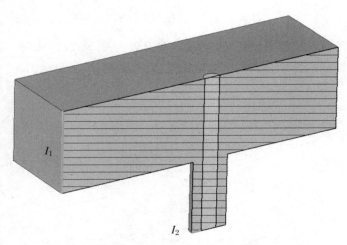

图 3.25　门钮的基本 RF 模型

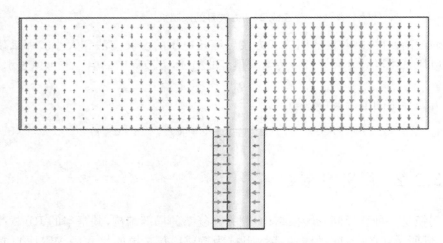

图 3.26　门钮中的电场分布

$$\begin{bmatrix} V_1^- \\ V_2^- \\ \vdots \\ V_N^- \end{bmatrix} = \begin{bmatrix} S_{11} & S_{12} & \cdots & S_{1N} \\ S_{21} & S_{22} & \cdots & S_{2N} \\ \vdots & \vdots & & \vdots \\ S_{N1} & S_{N2} & \cdots & S_{NN} \end{bmatrix} \begin{bmatrix} V_1^+ \\ V_2^+ \\ \vdots \\ V_N^+ \end{bmatrix} \tag{3.37}$$

$S$ 参数中,各矩阵元的定义为

$$S_{ij} = \frac{V_i^-}{V_j^+} \Bigg|_{V_k^+ = 0, k \neq j} \tag{3.38}$$

根据式(3.38)可以看出,$S$ 参数的各矩阵元是通过各端口间的入射电压和反射电压进行计算的。

下面考虑更一般的情况,即微波网络各端口阻抗不同。假设第 $n$ 个端口的入

射电压为 $V_n^+$，反射电压为 $V_n^-$，阻抗为 $Z_{0n}$，那么端口的入射功率和反射功率可以表示为

$$P_n^+ = \frac{|V_n^+|^2}{2Z_{0n}}$$

$$P_n^- = \frac{|V_n^-|^2}{2Z_{0n}} \tag{3.39}$$

为了表述方便，在各端口将入射电压和反射电压分别对端口阻抗进行归一化处理，得到端口的入射波 $a_n$ 和反射波 $b_n$ 为

$$a_n = \frac{V_n^+}{\sqrt{Z_{0n}}}$$

$$b_n = \frac{V_n^-}{\sqrt{Z_{0n}}} \tag{3.40}$$

入射电压和反射电压归一化后，端口的等效电压可以表示为

$$V_n = \sqrt{Z_{0n}}a_n + \sqrt{Z_{0n}}b_n \tag{3.41}$$

使用入射波和反射波的概念，可以将端口的入射功率和反射功率可以表示为

$$P_n^+ = \frac{1}{2}|a_n|^2$$

$$P_n^- = \frac{1}{2}|b_n|^2 \tag{3.42}$$

在端口阻抗不同的情况下，使用广义 $S$ 参数，可以描述端口入射波和反射波的关系，它们的关系是

$$[\boldsymbol{b}] = [\boldsymbol{s}][\boldsymbol{a}] \tag{3.43}$$

广义 $S$ 参数中，各矩阵元的定义为

$$S_{ij} = \frac{b_i}{a_j}\bigg|_{a_k=0,k\neq j} \tag{3.44}$$

### 3.3.3 门钮的 $S$ 参数

在明确了广义 $S$ 参数的定义后，下面使用图 3.25 所示的门钮 RF 模型，利用 500 MHz 频点的场分布，使用 CST 的后处理功能计算门钮在 500 MHz 频点的 $S$ 参数。

首先，计算端口 1 的 $S_{11}$。对电场的实部和虚部分别沿线 $l_1$ 进行积分，得到端口 1 的等效电压为

$$V_1 = 17.2754 + \text{j}7.8220 \text{ V} \tag{3.45}$$

CST 在进行仿真时，已经对端口的入射电压进行了阻抗归一化处理。由于端口的入射功率为 0.5 W，所以可以计算得到端口 1 的入射波为

$$a_1 = \sqrt{2P_1^+} = 1 \tag{3.46}$$

由于端口 1 在 500 MHz 频点的阻抗为 498.9739 Ω。进一步地,利用式(3.41)可以计算出端口 1 的反射波为

$$b_1 = \frac{V_1}{\sqrt{Z_{01}}} - a_1 = -0.2266 + \mathrm{j}0.3502 \tag{3.47}$$

根据式(3.44)可以计算出端口 1 的 $S_{11}$ 为

$$S_{11} = \frac{b_1}{a_1} = -0.2266 + \mathrm{j}0.3502 \tag{3.48}$$

$S_{11}$ 的场积分计算结果与 CST 直接计算结果的对比,如表 3.1 所示。幅度和相位的对比图,如图 3.27 所示。

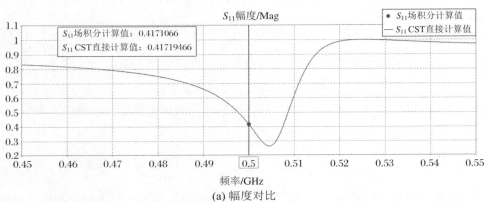

(a) 幅度对比

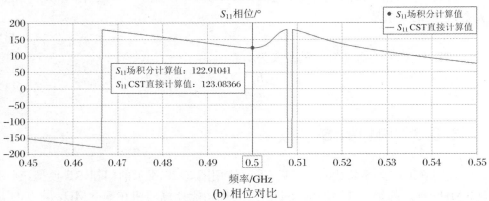

(b) 相位对比

**图 3.27　场积分计算与 CST 直接计算的 $S_{11}$ 幅度和相位对比**

**表 3.1　500 MHz 频点,场积分计算与 CST 直接计算的 $S_{11}$ 结果对比**

| $S_{11}$ | 实部 | 虚部 |
| --- | --- | --- |
| 场积分计算结果 | $-0.2266$ | $0.3502$ |
| CST 直接计算结果 | $-0.2277$ | $0.3496$ |
| 误差 | $0.48\%$ | $0.17\%$ |

然后,计算端口 2 的 $S_{21}$。对电场的实部和虚部分别沿线 $l_2$ 进行积分,得到端口 2 的等效电压为

$$V_2 = -4.9621 + j4.1332\,V \tag{3.49}$$

由于端口 2 相当于端接负载,所以端口 2 的入射波 $a_2 = 0$。由于端口 2 在 500 MHz 频点的阻抗为 49.5970 Ω。进一步地,利用式(3.41)可以计算出端口 2 的反射波为

$$b_2 = \frac{V_2}{\sqrt{Z_{02}}} - a_2 = -0.7046 + j0.5869 \tag{3.50}$$

根据式(3.44)可以计算出端口 2 的 $S_{21}$ 为

$$S_{21} = \frac{b_2}{a_1} = -0.7046 + j0.5869 \tag{3.51}$$

$S_{21}$ 的场积分计算结果与 CST 直接计算结果的对比,如表 3.2 所示。幅度和相位的对比图,如图 3.28 所示。

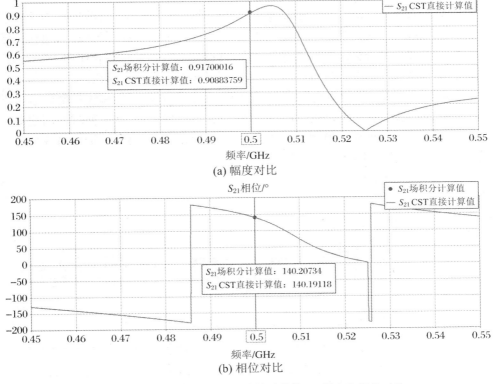

(a) 幅度对比

(b) 相位对比

**图 3.28　场积分计算与 CST 直接计算的 $S_{21}$ 幅度和相位对比**

表 3.2　500 MHz 频点，场积分计算与 CST 直接计算的 $S_{21}$ 结果对比

| $S_{21}$ | 实部 | 虚部 |
|---|---|---|
| 场积分计算结果 | $-0.7046$ | $0.5869$ |
| CST 直接计算结果 | $-0.6982$ | $0.5819$ |
| 误差 | $0.92\%$ | $0.86\%$ |

# 3.4　耦合器的联合仿真

## 3.4.1　耦合器的传输线模型

在高频系统中，如果工作频率较高，发射机后端通常使用矩形波导作为功率传输线。那么耦合器按照功能和结构可以划分为 4 个部分：门钮、陶瓷窗、同轴传输线和耦合天线。耦合天线处于耦合器末端，直接与谐振腔发生耦合作用，有关耦合的理论与模型已在第 2 章进行过论述，所以耦合天线不在本章讨论。

门钮、陶瓷窗、同轴传输线构成了耦合器的主体，其对应的传输线模型如图 3.29 所示。同轴传输线对应阻抗均匀传输线，陶瓷窗对应阻抗不均匀传输线，门钮对应阻抗变换器。经过传输线模型的分解后，可以对门钮、陶瓷窗和同轴传输线分别进行仿真计算，得到每个部分的微波参数。

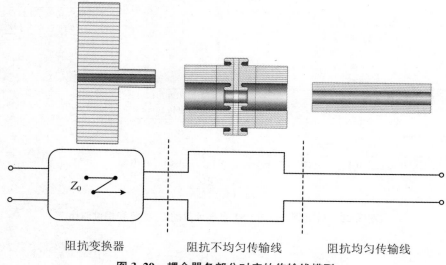

阻抗变换器　　　阻抗不均匀传输线　　　阻抗均匀传输线

图 3.29　耦合器各部分对应的传输线模型

门钮的 $S$ 参数计算结果如图 3.30 所示。

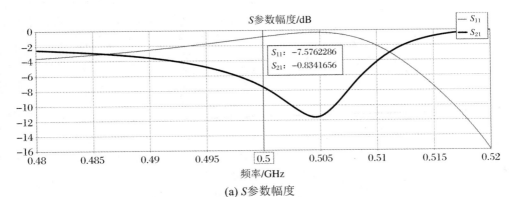

(a) $S$ 参数幅度

(b) $S$ 参数相位

**图 3.30　门钮 $S$ 参数仿真结果**

陶瓷窗的 $S$ 参数计算结果如图 3.31 所示。

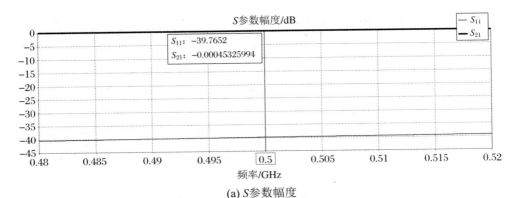

(a) $S$ 参数幅度

**图 3.31　陶瓷窗 $S$ 参数仿真结果**

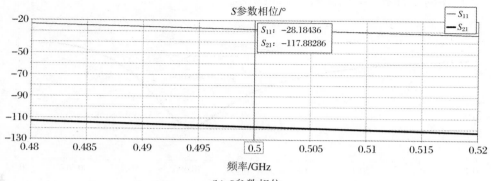

(b) $S$ 参数相位

**图 3.31　陶瓷窗 $S$ 参数仿真结果(续)**

同轴传输线的 $S$ 参数计算结果如图 3.32 所示。

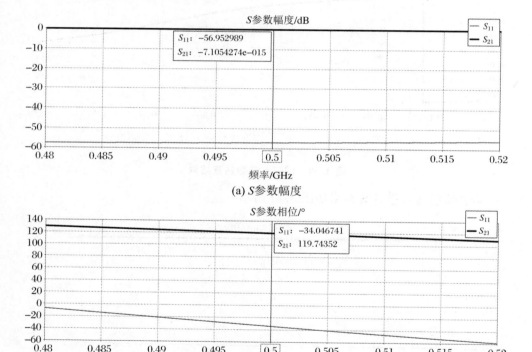

(a) $S$ 参数幅度

(b) $S$ 参数相位

**图 3.32　同轴传输线 $S$ 参数仿真结果**

## 3.4.2 联合仿真

仿真得到门钮、陶瓷窗、同轴传输线的微波参数后，可以在 CST Design Studio 中建立耦合器的联合仿真模型，如图 3.33 所示。端口 1 设置在门钮的矩形波导端口，端口 2 设置在同轴传输线的同轴线端口。

**图 3.33 耦合器联合仿真模型**

联合仿真模型计算得到的耦合器 $S$ 参数，如图 3.34 所示。这是将耦合器的三部分模型串联后，得到的计算结果。

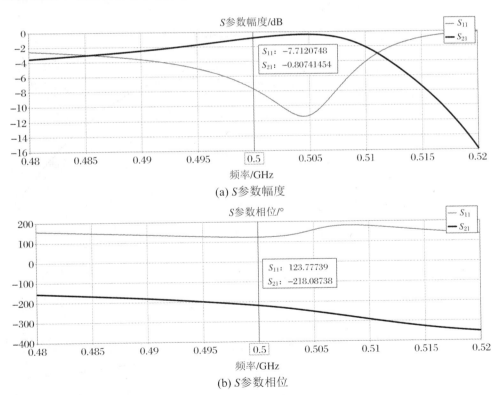

(a) $S$ 参数幅度

(b) $S$ 参数相位

**图 3.34 耦合器联合仿真模型计算得到的 $S$ 参数**

为了验证联合仿真模型计算的准确性，我们可以建立耦合器的完整仿真模型，如图 3.35 所示。在模型中,将门钮、陶瓷窗和同轴传输线组合在一起,形成了一支完整的耦合器。端口 1 仍设置在矩形波导端口,端口 2 仍设置在同轴线端口。完整模型的 $S$ 参数仿真结果,如图 3.36 所示。

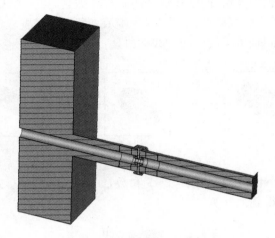

**图 3.35　耦合器整体三维仿真模型**

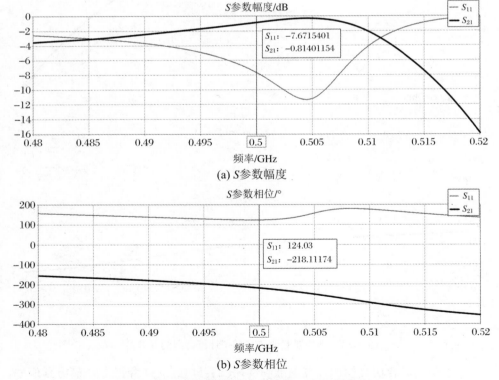

(a) $S$ 参数幅度

(b) $S$ 参数相位

**图 3.36　耦合器整体三维模型的 $S$ 参数仿真结果**

　　对比图 3.34 和图 3.36 的计算结果可以看出,联合仿真模型的计算结果与耦合器整体模型的计算结果几乎一致。由此可以表明,联合仿真的计算方法具有很好的准确性。这是本书第一次引入联合仿真计算方法,在后续章节还会多次使用此方法。

　　对于简单模型,联合仿真技术的优势并不明显。但是,在计算资源有限的情况下,对于复杂模型,尤其是系统级的复杂模型,可以酌情对模型进行分段处理,在计算得到每一部分的微波参数后,可以使用联合仿真技术进一步得到整体模型的微波参数。这样既可以保证仿真的准确性,又可以提高仿真效率。

# 第 4 章　束流负载

高频系统的作用是为束流提供能量,当束流通过谐振腔时也会对系统产生影响。在等效电路模型中,束流可以看作电流源,并进而等效成束流负载。束流负载会改变系统阻抗,引起系统失谐与失配。可将谐振腔与束流系统的阻抗相位定义为失谐角,失谐角反映了频偏与相位的关系,在频率控制过程中失谐角是一个重要概念。实际的系统除了谐振腔与束流外还要包含耦合端口,从测量的角度可以引入系统失谐角的概念,系统失谐角可以通过端口间的相位差进行直接测量。

束流负载会影响系统中的功率分配,不同流强下系统的匹配情况并不相同。如果关心不同流强下传输线中的场分布,就需要进行三维仿真。在三维仿真中,可以将束流损耗等效为额外的腔耗;也可以在谐振腔中引入一根有耗介质棒,将束流损耗等效为介质损耗。

对于耦合器是固定耦合度的高频系统,在运行腔压下,只有一个流强匹配点。如果想节省功率,在传输线上设置阻抗调配器是一个有效方法。以此为背景,本章介绍了双线调配的工作原理,以及使用它对高频系统进行阻抗匹配的计算方法。在进行阻抗匹配的计算时,Smith 圆图是一种有效的分析手段。

本章的最后讨论了失谐过程,论述系统失谐角的测量方法,并分析失谐对系统中场分布的影响。

## 4.1　带束流的高频系统

### 4.1.1　等效电路

当束流通过高频系统,系统的等效电路如图 4.1 所示。谐振腔使用的是并联等效电路,所以功率源等效为电流源,$R_G$ 为功率源的并联内阻,通常情况下 $R_G = Z_0$。$I_T$ 为功率源传送到传输线上的电流。束流则等效为电流源 $I_b$,对于连续波运行的加速器,束流可以等效为恒流源。

在加速器中,束流流强 $I_0$ 为 DCCT 的测量值,束流每圈的辐射损失用 $U_0$ 表

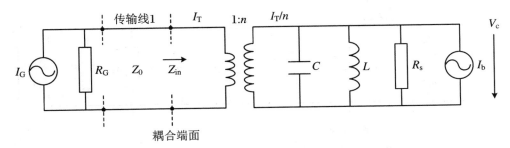

**图 4.1　带束流的高频系统等效电路**

示,那么束流损耗的功率 $P_b$ 为

$$P_b = I_0 U_0 = I_0 |V_c| \cos \varphi_s \tag{4.1}$$

式中的 $\varphi_s$ 为束流与腔压的同步相位。

因为束流等效为恒流源,所以 $I_b$ 的相位 $\varphi_b = 0$。在等效电路中,束流损耗的功率 $P_b$ 可以表示为

$$P_b = \frac{1}{2} \mathrm{Re}[V_c I_b{}^*] = \frac{1}{2} \mathrm{Re}[|V_c| e^{j\varphi_s} \cdot |I_b| e^{-j\varphi_b}] = \frac{1}{2} |V_c| |I_b| \cos \varphi_s$$

$$\tag{4.2}$$

对比式(4.1)和(4.2),可以得到

$$|I_b| = 2I_0 \tag{4.3}$$

式(4.3)表明,在等效电路中,电流源 $I_b$ 的幅值为 $2I_0$。

在并联等效电路中,可以用等效导纳 $Y_b$ 来描述电流源 $I_b$ 的影响。根据导纳的定义可以得到

$$Y_b = \frac{I_b}{V_c} = \frac{2I_0}{|V_c| e^{j\varphi_s}} = \frac{2I_0}{|V_c|} e^{-j\varphi_s} = \frac{2I_0}{|V_c|} \cos \varphi_s - j \frac{2I_0}{|V_c|} \sin \varphi_s \tag{4.4}$$

由于 $Y_b = G_b + jB_b$,进一步可以得到

$$G_b = \frac{2I_0}{|V_c|} \cos \varphi_s$$

$$B_b = -\frac{2I_0}{|V_c|} \sin \varphi_s \tag{4.5}$$

由于 $B_b$ 为负数,可以看出,束流会产生一部分感性负载。进一步地,可以计算出束流产生的等效并联电阻和电感为

$$R_b = \frac{1}{G_b} = \frac{|V_c|}{2I_0 \cos \varphi_s}$$

$$L_b = \frac{-1}{\omega B_b} = \frac{|V_c|}{2\omega I_0 \sin \varphi_s} \tag{4.6}$$

在等效电路中,使用束流的等效并联电阻和电感代替电流源,图 4.1 的等效电路可以转化为图 4.2 的形式。

从图中可以看出,谐振腔与束流系统总的分路阻抗变为

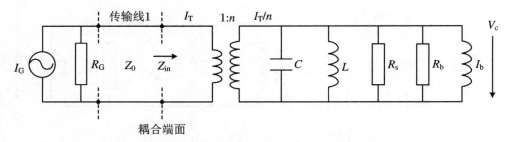

**图 4.2　电流源等效成束流负载的高频系统等效电路**

$$R_{c+b} = \frac{R_s R_b}{R_s + R_b} \tag{4.7}$$

谐振腔与束流系统总的电感变为

$$L_{c+b} = \frac{L L_b}{L + L_b} \tag{4.8}$$

设谐振腔与束流系统的谐振频率为 $\omega_{c+b}$，谐振腔自身的谐振频率为 $\omega_0$，根据式(2.2)可以得到如下关系：

$$\omega_{c+b} = \frac{1}{\sqrt{L_{c+b}C}} > \frac{1}{\sqrt{LC}} = \omega_0 \tag{4.9}$$

可以看出，束流通过谐振腔，会导致系统的谐振频率升高。

在一般情况下，腔压为 MV 量级，流强为 mA 量级，所以束流的等效电感 $L_b$ 一般会在 $\mu$H 量级。谐振腔的并联电感通常在 nH 量级，因此有

$$L_b \gg L \tag{4.10}$$

结合式(4.8)可以得到 $L_{c+b}$ 与 $L$ 的关系为

$$L_{c+b} < L, \quad 且 L_{c+b} \approx L \tag{4.11}$$

这说明，束流会导致系统的谐振频率略微升高，且变化量不大，这是对式(4.9)的进一步限定，可以表示为

$$\omega_{c+b} > \omega, \quad 且 \omega_{c+b} \approx \omega \tag{4.12}$$

设谐振腔与束流系统的品质因数为 $Q_{c+b}$，谐振腔自身的品质因数为 $Q_0$，根据式(2.2)，并且结合式(4.7)和式(4.12)，可以得到如下关系：

$$Q_{c+b} = \omega_{c+b} R_{c+b} C < \omega_0 R_s C = Q_0 \tag{4.13}$$

可以看出，束流通过谐振腔，会导致系统的品质因数 $Q$ 值下降。

根据式(2.3)可以得到，谐振腔自身的阻抗 $Z_c$ 和谐振腔与束流系统总的阻抗 $Z_{c+b}$ 分别为

$$Z_c \approx \frac{R_s}{1 + 2jQ_0(\omega - \omega_0)/\omega_0}$$

$$Z_{c+b} \approx \frac{R_{c+b}}{1 + 2jQ_{c+b}(\omega - \omega_{c+b})/\omega_{c+b}} \tag{4.14}$$

谐振腔的阻抗 $Z_c$ 与带束流后系统的阻抗 $Z_{c+b}$ 的幅频曲线如图 4.3 所示。谐振

腔带束后,由于总的分路阻抗降低,所以幅频曲线的峰值降低;由于系统的谐振频率升高,所以幅频曲线向右移动;由于系统的品质因数下降,所以幅频曲线的带宽增大。

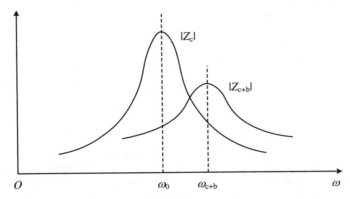

**图 4.3　谐振腔阻抗 $Z_c$ 和带束流后系统阻抗 $Z_{c+b}$ 的幅频曲线**

在 CST Design Studio 中,可以建立图 4.2 中谐振腔与束流部分的仿真模型,如图 4.4 所示。假设流强为 500 mA,腔压为 1 MV,同步相位为 60°,谐振腔内馈入的微波频率为 500 MHz,根据式(4.6)可以计算出束流的等效电阻 $R_b$ 为 $2 \times 10^6$ Ω,束流的等效电感 $L_b$ 为 $3.6755 \times 10^2$ $\mu$H。电路模型中使用的参数在表 4.1 中列出。

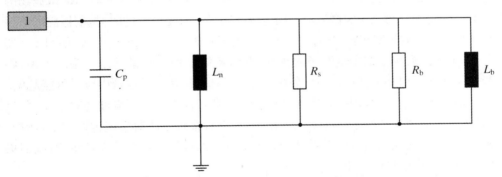

**图 4.4　谐振腔与束流系统的电路仿真模型**

**表 4.1　束流参数与电路仿真模型参数**

| 束流参数 | 数值 | 电路参数 | 数值 |
|---|---|---|---|
| $I_0$ | 500 mA | $C$ | 1.5787 pf |
| $V_c$ | 1 mV | $L$ | 64.1803 nH |
| $\varphi_s$ | 60° | $R_s$ | $8.1595 \times 10^6$ Ω |
| $f_0$ | 500 MHz | $R_b$ | $2 \times 10^6$ Ω |
| | | $L_b$ | 367.55 $\mu$H |

谐振腔与束流的阻抗计算结果,如图4.5所示。图中的粗线就是谐振腔与束流系统阻抗的幅频曲线,图中的细线是谐振腔自身阻抗的幅频曲线。图4.5中两条曲线的变化趋势与图4.3所示的分析结果一致。

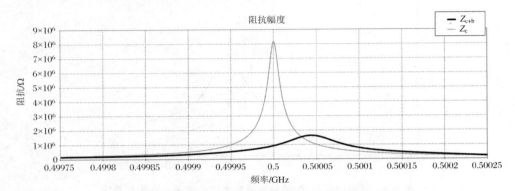

**图 4.5　谐振腔与束流系统电路模型的阻抗计算结果**

## 4.1.2　调谐

在加速器的运行中,高频系统的工作频率是固定的,即发射机输出的微波场的频率是固定的。可以设定微波场的固定频率为 $\omega_0$,当无束流的时候,谐振腔的谐振频率与微波场的频率相同,此时系统工作在谐振状态。当有束流的时候,如图4.3所示,系统的谐振频率偏离微波场的频率,此时系统工作在失谐状态。系统失谐,将产生额外的反射功率,降低功率效率,造成功率损失,在实际运行中应尽可能避免。

系统的调谐过程,即是将图4.3中 $|Z_{c+b}|$ 曲线向左平移到微波场频率 $\omega_0$ 的过程,此过程如图4.6所示。在实际工作中,可以有多种方法对系统进行调谐,例如,轻微改变谐振腔的形状,或者对谐振腔内部进行微扰等。在系统设计阶段,我们更加关心的是调谐量的大小。

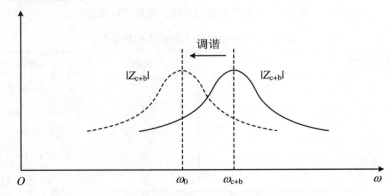

**图 4.6　高频系统带束工作时的调谐过程**

此处可以定义调谐量用 $\delta_0$ 表示，$\delta_0$ 的大小可以表示为

$$\delta_0 = \frac{\omega_{c+b} - \omega_0}{\omega_0} \tag{4.15}$$

下面进一步展开，计算 $\delta_0$ 的大小。利用式（4.9）代入，可以得到如下关系：

$$\frac{\omega_{c+b}^2}{\omega_0^2} = \frac{L}{L_{c+b}} \tag{4.16}$$

将式（4.16）两端分别减 1，并结合式（4.8）进一步化简，可以得到

$$\frac{\omega_{c+b}^2}{\omega_0^2} - 1 = \frac{L}{L_{c+b}} - 1$$

即

$$2\delta_0 = \frac{2(\omega_{c+b} - \omega_0)}{\omega_0} = \frac{L}{L_b} \tag{4.17}$$

将式（2.2）和式（4.6）代入（4.17），可以得到

$$\delta_0 = \frac{R_s I_0}{Q_0 |V_c|} \sin \varphi_s \tag{4.18}$$

当束流通过谐振腔时，式（4.18）描述了需要的调谐量与束流参数的关系。

## 4.1.3  失谐角

上一节描述了高频系统的调谐过程，即改变谐振腔的频率使高频系统与微波场的频率处于谐振状态。在高频系统的实际运行中，直接测量谐振腔的频率变化是不方便的，因此需要引入一个便于测量的物理量用来反映谐振腔的频率变化情况。

高频系统中，谐振腔与束流系统总的导纳可以表示为

$$Y_{c+b} = Y_c + Y_b = \left( \frac{1}{R_s} + \frac{2I_0}{|V_c|} \cos \varphi_s \right) + j\left( \frac{2Q_0\delta}{R_s} - \frac{2I_0}{|V_c|} \sin \varphi_s \right) \tag{4.19}$$

式中，$\delta$ 为系统的频偏，其定义为

$$\delta = \frac{\omega - \omega_0}{\omega_0} \tag{4.20}$$

谐振腔与束流系统的阻抗与导纳的关系为

$$Z_{c+b} = \frac{1}{Y_{c+b}} \tag{4.21}$$

进一步地，$Z_{c+b}$ 的相位大小为

$$Ang(Z_{c+b}) = Ang(Y_{c+b}^{-1}) = -\arctan\left[ \frac{\dfrac{2Q_0\delta}{R_s} - \dfrac{2I_0}{|V_c|} \sin \varphi_s}{\dfrac{1}{R_s} + \dfrac{2I_0}{|V_c|} \cos \varphi_s} \right] \tag{4.22}$$

从上式可以看出，在系统参数确定的情况下，频偏 $\delta$ 是自变量，$Ang(Z_{c+b})$ 是

因变量，二者是一一对应的关系。

从高频系统的等效电路中可以看出，谐振腔与束流系统的阻抗 $Z_{c+b}$，反映的是电流 $\dfrac{I_T}{n}$ 与腔压 $V_c$ 的关系。三者的关系可以表示为

$$Z_{c+b} = |Z_{c+b}| e^{jAng(Z_{c+b})} = \frac{|V_c| e^{jAng(V_c)}}{\left|\dfrac{I_T}{n}\right| e^{jAng\left(\frac{I_T}{n}\right)}} \tag{4.23}$$

进一步可以得到

$$Ang(Z_{c+b}) = Ang(V_c) - Ang\left(\frac{I_T}{n}\right) \tag{4.24}$$

可以看出，$Ang(Z_{c+b})$ 实际反映的是传输线电流和腔压的相位差。在高频系统的运行过程中，相位差是一个很容易测试的物理量。所以，我们就把 $Z_{c+b}$ 的相位定义为失谐角 $\Psi$，用失谐角来反映谐振腔频率的变化。其对应关系为

$$\Psi = Ang(Z_{c+b}) = -\arctan\left[\frac{\dfrac{2Q_0\delta}{R_s} - \dfrac{2I_0}{|V_c|}\sin\varphi_s}{\dfrac{1}{R_s} + \dfrac{2I_0}{|V_c|}\cos\varphi_s}\right] \tag{4.25}$$

这里需要注意一点：在上面的公式推导过程中，认为谐振系统的频率（$\omega_0$）为工作频率，并且始终始终保持不变，$\delta$ 反映的是微波场的频率 $\omega$ 对于工作频率 $\omega_0$ 的偏移量；在实际的系统中，微波场的频率 $\omega$ 为工作频率，并且始终保持不变，而谐振系统的频率 $\omega_0$ 会发生变化，所以 $\delta$ 代表的是谐振系统的频率 $\omega_0$ 对于工作频率 $\omega$ 的偏移量的负数。

在微波技术中，$\Psi$-$\delta$ 的对应关系就是谐振结构的相频曲线。在 CST Design Studio 中，仍使用图 4.4 的仿真模型以及表 4.1 的系统参数，可以分别计算出流强为 0 时和流强为 500 mA 时的系统相频曲线，如图 4.7 所示。图中细线为无束流时的相频曲线，即谐振腔自身的相频曲线；粗线为流强 500 mA 时，系统的相频曲线。

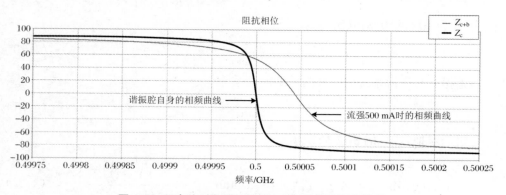

图 4.7　无束流时和流强 500 mA 时的系统相频曲线

### 4.1.4 功率分配

束流通过谐振腔时，系统中包含 4 部分功率：传输线中的入射功率 $P_{in}$，反射功率 $P_r$，谐振腔的腔耗 $P_c$，以及束流功率 $P_b$。这 4 部分功率满足能量守恒，其关系如下：

$$P_{in} - P_r = P_c + P_b \tag{4.26}$$

系统中的电压与电流满足如下关系：

$$V^+ + V^- = \frac{V_c}{n}$$
$$I^+ + I^- = \frac{V^+}{Z_0} - \frac{V^-}{Z_0} = nV_c Y_{c+b} \tag{4.27}$$

式中，$V^+$ 和 $V^-$ 代表传输线中的入射电压和反射电压，$I^+$ 和 $I^-$ 代表传输线中的入射电流和反射电流。

对式（4.27）进一步化简可以得到

$$V^+ = \frac{V_c}{2n}(1 + n^2 Z_0 Y_{c+b}) = \frac{V_c}{2n}(1 + n^2 Z_0 Y_c + n^2 Z_0 Y_b)$$
$$V^- = \frac{V_c}{2n}(1 - n^2 Z_0 Y_{c+b}) = \frac{V_c}{2n}(1 - n^2 Z_0 Y_c - n^2 Z_0 Y_b) \tag{4.28}$$

将式（4.14）代入式（4.28），可以得到

$$V^+ = \frac{V_c}{2n}\left[1 + n^2 Z_0\left(\frac{1}{R_s} + G_b\right) + \mathrm{j}n^2 Z_0\left(\frac{2Q_0\delta}{R_s} + B_b\right)\right]$$
$$V^- = \frac{V_c}{2n}\left[1 - n^2 Z_0\left(\frac{1}{R_s} + G_b\right) - \mathrm{j}n^2 Z_0\left(\frac{2Q_0\delta}{R_s} + B_b\right)\right] \tag{4.29}$$

利用传输线中入射功率和反射功率的计算公式，可以得到 $P_{in}$ 和 $P_r$ 为

$$P_{in} = \frac{1}{2}\frac{|V^+|^2}{Z_0} = \frac{|V_c|^2}{8n^2 Z_0}\left\{\left[1 + n^2 Z_0\left(\frac{1}{R_s} + G_b\right)\right]^2 + \left[n^2 Z_0\left(\frac{2Q_0\delta}{R_s} + B_b\right)\right]^2\right\}$$
$$P_r = \frac{1}{2}\frac{|V^-|^2}{Z_0} = \frac{|V_c|^2}{8n^2 Z_0}\left\{\left[1 - n^2 Z_0\left(\frac{1}{R_s} + G_b\right)\right]^2 + \left[n^2 Z_0\left(\frac{2Q_0\delta}{R_s} + B_b\right)\right]^2\right\} \tag{4.30}$$

结合耦合度的定义，将式（2.23）代入式（4.30）中，可以得到

$$P_{in} = \frac{|V_c|^2 \beta}{8R_s}\left\{\left[1 + \frac{R_s}{\beta}\left(\frac{1}{R_s} + G_b\right)\right]^2 + \left[\frac{R_s}{\beta}\left(\frac{2Q_0\delta}{R_s} + B_b\right)\right]^2\right\}$$
$$P_r = \frac{|V_c|^2 \beta}{8R_s}\left\{\left[1 - \frac{R_s}{\beta}\left(\frac{1}{R_s} + G_b\right)\right]^2 + \left[\frac{R_s}{\beta}\left(\frac{2Q_0\delta}{R_s} + B_b\right)\right]^2\right\} \tag{4.31}$$

式中，$\beta$ 为耦合端口的耦合度。

系统内微波场的频率为 $\omega_0$，由于系统未调谐，此时 $P_{in}$ 和 $P_r$ 均包含式（4.31）

中大括号内的第二项(虚部项),入射功率和反射功率均未达到最小值。当系统进行调谐后,系统的谐振频率变为 $\omega_0$,同时调谐导致谐振腔自身的谐振频率变为 $\omega_0 - \delta_0\omega_0$,此时仍以谐振腔自身的谐振频率为参考基准,那么调谐时的频偏 $\delta_{\text{tuning}}$ 可以表示为

$$\delta_{\text{tuning}} = \frac{\omega_0 - (\omega_0 - \delta_0\omega_0)}{\omega_0 - \delta_0\omega_0} \approx \frac{\delta_0\omega_0}{\omega_0} = \delta_0 \tag{4.32}$$

将式(4.32)代入式(4.31)中的虚部项,并且利用式(4.18),可以得到

$$\frac{2Q_0\delta_{\text{tuning}}}{R_s} + B_b = \frac{2Q_0\delta_0}{R_s} - \frac{2I_0}{|V_c|}\sin\varphi_s = 0 \tag{4.33}$$

此时式(4.31)中的虚部项为0。这表明,调谐后系统内的入射功率和反射功率均达到最小值,其大小为

$$P_{\text{in}} = \frac{|V_c|^2\beta}{8R_s}\left(1 + \frac{1}{\beta} + \frac{2R_sI_0}{\beta|V_c|}\cos\varphi_s\right)^2$$

$$P_r = \frac{|V_c|^2\beta}{8R_s}\left(1 - \frac{1}{\beta} - \frac{2R_sI_0}{\beta|V_c|}\cos\varphi_s\right)^2 \tag{4.34}$$

当没有束流的时候,即 $I_0 = 0$,系统的腔压和入射功率的关系如下:

$$|V_c| = \sqrt{\frac{8P_{\text{in}}R_s\beta}{(1+\beta)^2}} \tag{4.35}$$

## 4.1.5 系统匹配

在系统调谐的情况下,可以进一步分析式(4.34)中的反射功率 $P_r$。当系统匹配时,反射功率 $P_r$ 应为0。这就要求耦合端口的耦合度应满足如下关系:

$$\beta = 1 + \frac{2R_sI_0}{|V_c|}\cos\varphi_s = 1 + \frac{P_b}{P_c} \tag{4.36}$$

式中,$P_c$ 为谐振腔的腔耗,其大小为

$$P_c = \frac{1}{2}\frac{|V_c|^2}{R_s} \tag{4.37}$$

根据式(4.36)可以看出,对于一组给定的腔压 $V_c$ 和流强 $I_0$,只有一个耦合度 $\beta$ 使系统达到匹配。换言之,如果系统的耦合度不可调是固定值,那么在指定腔压下,只有一个流强值使系统处于匹配工作状态,在其他流强下系统都是失配的。

下面举一个具体例子,高频系统等效电路使用的束流参数和电路参数在表4.2中列出。如果选取匹配流强 $I_{0\_\text{match}}$ 为 500 mA,那么利用式(4.29)可以计算出端口耦合度为

$$\beta = 1 + \frac{2 \times 8.1595 \times 10^6 \times 0.5}{0.2 \times 10^6}\cos 60° = 21.3988 \tag{4.38}$$

进一步可以计算出,其对应的变压系数为

$$n = \sqrt{\frac{R_s}{\beta Z_0}} = \sqrt{\frac{8.1595 \times 10^6}{21.3988 \times 50}} = 87.3278 \qquad (4.39)$$

**表 4.2 束流参数和高频系统仿真模型的电路参数与耦合参数**

| 束流参数 | 数值 | 电路参数 | 数值 | 耦合参数 | 数值 |
|---|---|---|---|---|---|
| $I_0$ | — | $C$ | 1.5787 pf | $I_{0\_match}$ | 500 mA |
| $V_c$ | 0.2mV | $L$ | 64.1803 nH | $Z_0$ | 50 Ω |
| $\varphi_s$ | 60° | $R_s$ | 8.1595×10⁶ Ω | $\beta$ | 21.3988 |
| $f_0$ | 500 MHz | $R_b$ | — | $n$ | 87.3278 |
| | | $L_b$ | — | | |

在 CST Design Studio 中,可以建立高频系统完整的仿真模型,如图 4.8 所示。由于系统处于调谐状态,束流产生的感性负载 $L_b$ 已在调谐过程中被抵消,从而保证系统的谐振频率仍为 500 MHz。在模型中,设置 $I_0 = 0$,即可以仿真无束流情况下的功率与腔压关系。仿真过程中,需要使用瞬态求解器,并且要在端口 1 上施加周期为 500 MHz 的正弦激励信号,激励信号如图 4.9 所示。整个仿真时长为 7000 ns,端口 1 入射信号与反射信号的变化情况如图 4.10 所示。

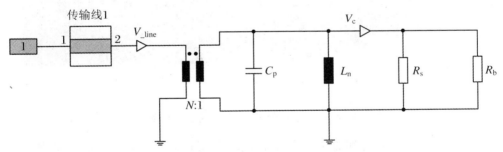

**图 4.8 高频系统带束运行时的电路仿真模型**

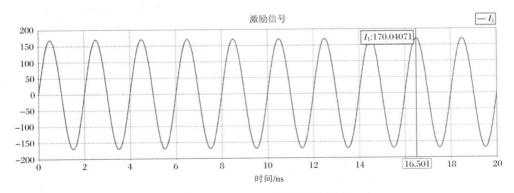

**图 4.9 500 MHz 正弦激励信号**

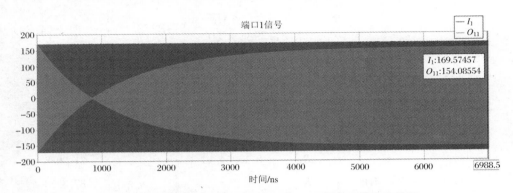

**图 4.10　无束流时,端口 1 的入射信号与反射信号的仿真结果**

模型中的探针 Probe $V_c$ 可以监测腔压 $V_c$ 的变化情况,腔压的变化曲线如图 4.11 所示。从图中可以看出,腔压在缓慢升高后才趋于平稳,腔压的上升时间大概持续了 6000 ns。在腔压趋于平稳后,腔压的幅值$|V_c|$为 0.2 MV。

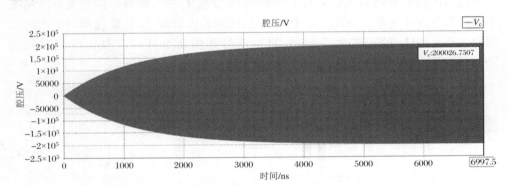

**图 4.11　无束流时,腔压 $V_c$ 的变化曲线**

下面对仿真计算得到的功率值与腔压值,与解析公式计算得到的结果进行对比。仿真中,如图 4.9 所示,入射信号的幅值$|a_1|$为 170.0407;如图 4.10 所示,反射信号的幅值$|b_1|$为 154.0855。由此可以计算出仿真时的入射功率和反射功率为

$$P_{\text{in\_simulation}} = \frac{1}{2}|a_1|^2 = 14.4569\,(\text{kW})$$

$$P_{\text{r\_simulation}} = \frac{1}{2}|b_1|^2 = 11.8712\,(\text{kW}) \tag{4.40}$$

当腔压为 0.2 MV 时,将腔压代入式(4.34),可以计算出入射功率和反射功率的理论值为

$$P_{\text{in\_ideal}} = \frac{1}{2}|a_1|^2 = 14.3670\,(\text{kW})$$

$$P_{\text{r\_ideal}} = \frac{1}{2}|b_1|^2 = 11.9158\,(\text{kW}) \tag{4.41}$$

仿真计算结果和理论计算结果的对比误差如表 4.3 所示。通过对比可以看出,二者的计算结果十分接近。

表 4.3　入射功率、反射功率的仿真计算结果和理论计算结果对比

| $I_0 = 0$ A | 仿真值 | 理论值 | 误差 |
|---|---|---|---|
| $P_{in}$/kW | 14.4569 | 14.3670 | 0.63% |
| $P_r$/kW | 11.8712 | 11.9158 | $-$0.37% |

利用以上方法,可以计算在不同流强下的系统功率情况。流强在 0~1 A 范围内,入射功率和反射功率的仿真值与理论值的对比情况,如图 4.12 所示。仿真计算结果与理论理论计算结果基本一致。当流强增大到匹配流强时,系统处于匹配状态,反射功率为 0;随着流强进一步增大,系统又处于失配状态,反射功率逐渐增大。

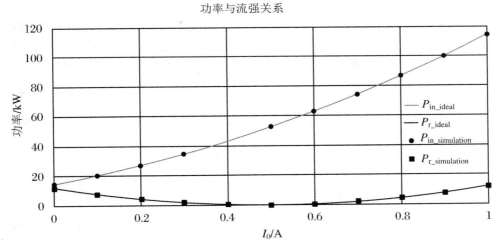

图 4.12　流强在 0~1 A 范围内,入射功率、反射功率的仿真值与理论值对比

## 4.2　系统的频域仿真

当高频系统调谐后,束流的等效电感被抵消,在等效电路中只留下了束流的等效电阻部分,调谐后的系统等效电路如图 4.13 所示。

在高频系统的实际运行中,通常需要分析系统内的电磁场分布,这就需要对系统进行三维的电磁场仿真。在进行频域求解的过程中,束流是无法进行实际建模的,所以就需要对束流的影响进行等效处理。因为系统始终处于调谐状态,所以只

需要对束流产生的等效电阻进行等效处理。下面将介绍两种对束流进行等效处理的方法。

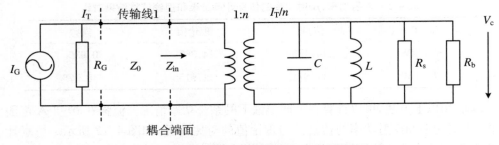

**图 4.13　带束流负载的高频系统调谐后的等效电路**

## 4.2.1　束流损耗等效为腔耗

在高频系统中,束流的损耗是用束流的等效电阻进行描述的。在图 4.13 所示的等效电路中,可以将 $R_s$ 和 $R_b$ 合并,使用腔与束流的总的分路阻抗 $R_{c+b}$ 代替。这样的处理,意味着将束流的损耗等效为腔耗的一部分,这样总的腔耗可以表示为

$$P_c = \frac{1}{2} \frac{|V_c|^2}{R_{c+b}} \tag{4.42}$$

在谐振腔中,腔耗是电磁场在腔表面产生的欧姆损耗,其大小与腔内磁场的关系可以表示为

$$P_c = \frac{1}{2} R_{surf} \iint |\boldsymbol{H} \times \boldsymbol{n}|^2 \mathrm{d}s \tag{4.43}$$

式中,$R_{surf}$ 为谐振腔的表面电阻,其大小为

$$R_{surf} = \sqrt{\frac{\pi f \mu_0 \mu_r}{\sigma}} \tag{4.44}$$

式中,$\mu_0$ 为真空中磁导率,$\mu_r$ 为腔壁材料的相对磁导率,$\sigma$ 为腔壁材料的电导率。

首先,建立由耦合器和谐振腔组成的高频系统的三维仿真模型,如图 4.14 所示。谐振腔仍使用 pillbox 腔型,谐振腔的腔壁材料为铜,铜的电导率为 $5.8 \times 10^7$ S/m。耦合器安装在谐振腔的端面上,耦合方式为电耦合。腔压积分线为谐振腔的中心线。谐振腔的基本参数在表 4.4 中列出。

**表 4.4　谐振腔基本参数**

| 谐振腔参数 | 数值 |
| --- | --- |
| $f_0$ | 501.157 MHz |
| $R_s$ | $8.1595 \times 10^6$ Ω |
| $Q_0$ | $4.0468 \times 10^4$ |

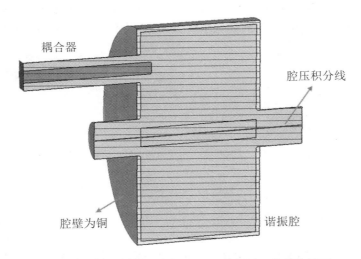

**图 4.14 耦合器与谐振腔组成的高频系统三维仿真模型**

高频系统的工作腔压仍为 $0.2\,\text{MV}$，同时仍选取匹配流强为 $500\,\text{mA}$，同步相位仍为 $60°$。束流参数在表 4.5 中列出。当腔压为 $0.2\,\text{MV}$ 时，根据式(4.37)，腔耗为 $2.4511\,\text{kW}$。进一步根据式(4.36)，可以计算出此时的耦合度仍为 $21.3988$。由于耦合度为相对值，在三维模型中端口的外载品质因数 $Q_\text{e}$ 为绝对值，所以根据式(2.20)，可以计算出耦合器端口的 $Q_\text{e}$ 为

$$Q_\text{e} = \frac{4.0468 \times 10^4}{21.3988} = 1.8911 \times 10^3 \tag{4.45}$$

$Q_\text{e}$ 的大小由插入深度决定，在图 4.13 的模型中天线的长度已经优化到式(4.38)计算出的理论值。模型的耦合参数也在表 4.5 中列出。

**表 4.5 仿真模型使用的束流参数与耦合参数**

| 束流参数 | 数值 | 耦合参数 | 数值 |
| --- | --- | --- | --- |
| $V_\text{c}$ | $0.2\,\text{MV}$ | $Z_0$ | $50\,\Omega$ |
| $I_{0\_\text{match}}$ | $500\,\text{mA}$ | $\beta$ | $21.3988$ |
| $\varphi_\text{s}$ | $60°$ | $Q_\text{e}$ | $1.8911 \times 10^3$ |
| $P_{\text{b\_match}}$ | $50\,\text{kW}$ | | |

当不考虑束流的影响时，系统会产生较大的反射功率，此时计算得到的 $S$ 参数如图 4.15 所示。

当系统通过 $500\,\text{mA}$ 束流时，在 $0.2\,\text{MV}$ 的腔压下，此时系统的总的损耗功率为

$$P_{\text{c+b}} = P_\text{c} + P_\text{b} = 52.451\,(\text{kW}) \tag{4.46}$$

根据上文所述，要将总的损耗功率等效为腔耗 $P_\text{c}$，然后根据式(4.43)就可以

计算出此时对应的等效表面电阻。观察式(4.43),需要对此时的磁场幅值的平方在腔表面做面积分。在 CST 的频域求解器中,需要计算出 0.2 MV 腔压下对应的磁场分布。

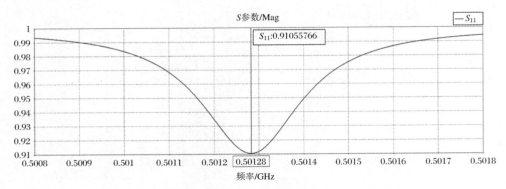

**图 4.15　无束流时,仿真模型计算得到的 S 参数**

在 CST 本征模求解器中,可以计算出 1 J 储能下的电场和磁场分布。1 J 储能下的电场分布如图 4.16 所示。此时,可以沿积分线对电场积分,得到 1 J 储能下的腔压为 1.1236 MV。因为目标腔压为 0.2 MV,所以需要将此时的电场缩小为 0.1780 倍,才能得到目标腔压。同样地,磁场也需要缩小为原来的 0.1780 倍,即可得到 0.2 MV 腔压下的磁场分布。0.2 MV 腔压下的磁场分布如图 4.17 所示。

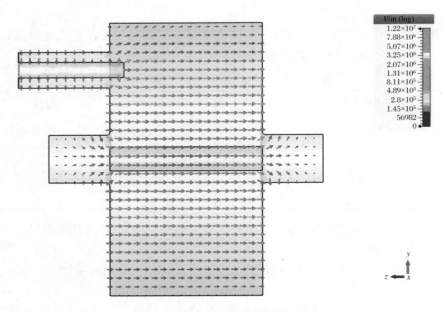

**图 4.16　1 J 储能下,模型中的电场分布**

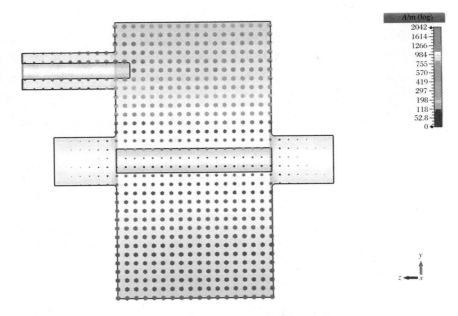

**图 4.17　0.2 MV 腔压下，模型中的磁场分布**

根据图 4.17 的磁场分布，就可以计算出 0.2 MV 腔压下式（4.36）中的积分值为

$$I_{\text{surf}}^2 = \iint |\boldsymbol{H} \times \boldsymbol{n}|^2 \mathrm{d}s = 8.4028 \times 10^5 \text{ A}^2 \tag{4.47}$$

进一步利用式（4.43），可以计算出此时的对应的等效表面电阻为

$$R_{\text{surf}} = \frac{2P_{\text{c+b}}}{I_{\text{surf}}^2} = 1.2484 \times 10^{-1} (\Omega) \tag{4.48}$$

利用式（4.44），可以计算出对应的电导率为

$$\sigma = \frac{\pi \times 501.157 \times 10^6 \times 4\pi \times 1\mathrm{e} - 7 \times 1}{(1.2484 \times 10^{-1})^2} = 1.2698 \times 10^5 (\text{S/m}) \tag{4.49}$$

至此，便计算得到了束流损耗等效为腔耗情况下的腔壁的等效电导率。计算过程中涉及的关键参数在表 4.6 中列出。

**表 4.6　将束流损耗等效为腔耗，计算腔壁等效电导率所使用的关键参数**

（腔压 0.2 MV，流强 500 mA）

| 参数 | 数值 |
| --- | --- |
| $P_{\text{c+b}}$ | 52.451 kW |
| $I_{\text{surf}}^2$ | $8.4028 \times 10^5$ A$^2$ |
| $R_{\text{surf}}$ | $1.2484 \times 10^{-1}$ Ω |
| $\sigma$ | $1.2698 \times 10^5$ S/m |

在三维模型中,将铜的电导率更改为 $1.2698 \times 10^5$ S/m,可以计算得到此时系统的 $S$ 参数,如图 4.18 所示。在谐振频率处,系统的反射功率几乎为 0,入射功率全部馈送到谐振腔中。由于在频域求解器中,port 处的入射功率只能设定为默认的 0.5 W,此时在腔内建立的腔压较低,其大小为 0.6165 kV。同样地,需要根据腔压的比例关系对电场进行放大,从而达到 0.2 MV 腔压时的电场分布。通过计算,可以得到电场的放大倍数为 324.4155。0.2 MV 腔压下的电场分布如图 4.19 所示。

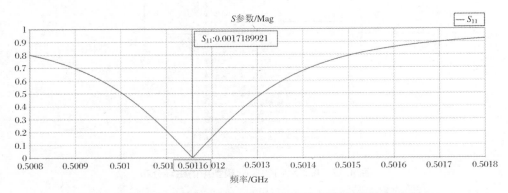

**图 4.18　将束流损耗等效为腔耗后,仿真模型计算得到的 $S$ 参数**

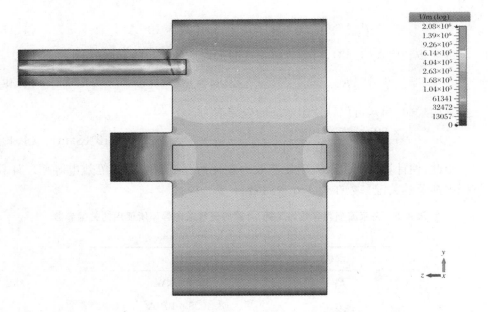

**图 4.19　0.2 MV 腔压下,模型中的电场分布**

根据电场的放大倍数,可以计算出入射功率的大小为

$$P_{in} = 324.4155^2 \times 0.5 = 52.6227 \, (\text{kW}) \tag{4.50}$$

在谐振频率处，$S_{11}$ 的幅值为 0.001719，由此可以计算处反射功率的大小为

$$P_r = |S_{11}|^2 \times P_{in} = 0.1555 \, (\text{W}) \tag{4.51}$$

根据式(4.34)，计算得到的入射功率理论值为 52.4511 kW。对比可知，三维等效模型计算得到的入射功率与理论公式计算得到的入射功率基本一致。

**问题讨论：**

写到这里，细心的读者可能会发现一个问题：在 4.1.5 节中曾经指出，对于一个固定耦合度的高频系统，在流强一定的情况下，只有唯一的腔压使系统处于匹配状态；而在本节的仿真过程中，将束流损耗等效为腔耗后，入射功率分别为 0.5 W 和 52.6227 kW 时，系统的腔压显然不同，但是系统仍始终处于匹配状态。前后的两个结论看似"相互矛盾"，下面我们就来分析一下产生这种"矛盾"的原因。

为了论述方便，对于固定耦合度 $\beta$，设定系统匹配时的腔压为 $V_{c\_match}$，流强为 $I_{0\_match}$。根据式(4.6)，此时对应的等效电阻为

$$R_{b\_match} = \frac{|V_{c\_match}|}{2I_{0\_match}\cos\varphi_s} \tag{4.52}$$

同样地，根据式(4.5)，此时的等效电导和等效电纳为

$$G_{b\_match} = \frac{2I_{0\_match}}{|V_{c\_match}|}\cos\varphi_s$$

$$B_{b\_match} = -\frac{2I_{0\_match}}{|V_{c\_match}|}\sin\varphi_s \tag{4.53}$$

此时，流过等效电导的电流为

$$I_{G\_match} = V_{c\_match} \cdot G_{b\_match} = 2I_{0\_match}e^{j\varphi_s}\cos\varphi_s \tag{4.54}$$

同样地，流过等效电纳的电流为

$$I_{B\_match} = V_{c\_match} \cdot jB_{b\_match} = -j2I_{0\_match}e^{j\varphi_s}\sin\varphi_s \tag{4.55}$$

流过等效电导的电流和流过等效电纳的电流合起来构成了束流等效的恒流源的电流，其大小为

$$I_{b\_match} = I_{G\_match} + I_{B\_match} = 2I_{0\_match} \tag{4.56}$$

此时的束流损耗为

$$P_{b\_match} = \frac{1}{2}\frac{|V_{c\_match}|^2}{R_{b\_match}} \tag{4.57}$$

在实际的高频系统中，如果流强不变，且始终为 $I_{0\_match}$，在任意腔压 $V_c$ 下，束流的等效电阻会随 $V_c$ 变化，其大小为

$$R_b = \frac{|V_c|}{2I_{0\_match}\cos\varphi_s} \tag{4.58}$$

在任意腔压 $V_c$ 下，束流的损耗为

$$P_b = \frac{1}{2}\frac{|V_c|^2}{R_b} \tag{4.59}$$

在任意腔压 $V_c$ 下，腔耗为

$$P_c = \frac{1}{2} \frac{|V_c|^2}{R_s} \tag{4.60}$$

进一步可以得到

$$\frac{P_b}{P_c} = \frac{R_s}{R_b} \tag{4.61}$$

对于固定耦合度 $\beta$，有如下关系：

$$\beta = 1 + \frac{P_{b\_match}}{P_{c\_match}} = 1 + \frac{R_s}{R_{b\_match}} \neq 1 + \frac{P_b}{P_c}, \quad V_c \neq V_{c\_match} \tag{4.62}$$

所以，当腔压 $V_c$ 不等于 $V_{c\_match}$ 时，系统处于失配状态。

把匹配时的束流损耗等效为腔壁损耗后，等效的高频系统与实际的高频系统的不同之处在于，等效的高频系统中，束流的等效电阻为恒定值，其大小始终如式 (4.52) 所示。在任意腔压 $V_c$ 下，等效的高频系统中，束流的等效损耗将变为

$$P_{b\_equivalent} = \frac{1}{2} \frac{|V_c|^2}{R_{b\_match}} \tag{4.63}$$

进一步可以得到

$$\frac{P_{b\_equivalent}}{P_c} = \frac{R_s}{R_{b\_match}} \tag{4.64}$$

在等效的高频系统中，可以满足如下关系：

$$\beta = 1 + \frac{P_{b\_match}}{P_{c\_match}} = 1 + \frac{R_s}{R_{b\_match}} = 1 + \frac{P_{b\_equivalent}}{P_c} \tag{4.65}$$

由此可以看出，在等效的高频系统中，即使在腔压 $V_c$ 不等于 $V_{c\_match}$ 时，系统仍处于匹配状态。

在此基础上，可以进一步对电流进行分析。在等效的高频系统中，流过等效电导的电流为

$$I_{G\_equivalent} = V_c \cdot G_{b\_match} = 2 \frac{|V_c|}{|V_{c\_match}|} I_{0\_match} e^{j\varphi_s} \cos\varphi_s \tag{4.66}$$

将式 (4.66) 与式 (4.54) 进行对比，可以看出束流的等效流强变为 $\dfrac{|V_c|}{|V_{c\_match}|} \cdot I_{0\_match}$。由此可以发现，等效的高频系统之所以时刻处于匹配状态，是因为系统此时的等效流强不再是 $I_{0\_match}$，而是系统自动找到了腔压 $V_c$ 所对应的匹配流强 $\dfrac{|V_c|}{|V_{c\_match}|} I_{0\_match}$。因此，此时仍符合 4.1.5 节中的描述，对于一个固定耦合度的高频系统，在一定的腔压下，只有一个流强值使系统处于匹配状态。

## 4.2.2　束流损耗等效为介质损耗

在微波场中，损耗可以由金属材料的耦合损耗产生，也可以由介质材料的介质损耗产生。基于上一节的思路，束流损耗也可以使用介质损耗进行等效。由于

束流沿谐振腔的中心线通过,中心线处电场最强,所以可以将束流损耗等效为谐振腔中心线处的介电损耗。

在微波场中,介电损耗的计算公式为

$$P_E = \frac{1}{2} \omega \varepsilon_0 \varepsilon_r'' \iiint |E|^2 \mathrm{d}v \tag{4.67}$$

式中,$\varepsilon_r''$为相对介电常数的虚部,反映了介质材料的损耗情况;$\varepsilon_0$为真空下的介电常数。

为了在谐振腔中心线处产生介电损耗,需要对图 4.14 所示的仿真模型进行修改。修改后的模型如图 4.20 所示,不同之处是在腔的中心增加了一根介质棒,介质棒用来产生介电损耗。

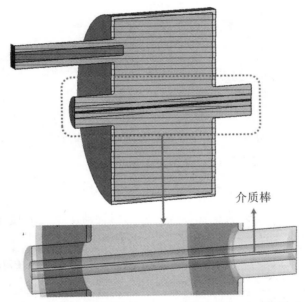

介质棒

**图 4.20　增加介质棒后的耦合器与谐振腔三维仿真模型**

仍考虑系统腔压为 0.2 MV,通过流强为 500 mA 的情况。此时系统的束流损耗为

$$P_b = 0.5 \times 0.2 \times 10^6 \times \cos 60° = 50 \, (\mathrm{kW}) \tag{4.68}$$

如果将束流损耗全部等效为介电损耗,那么此时介质棒的介电损耗为

$$P_E = P_b = 50 \, (\mathrm{kW}) \tag{4.69}$$

知道了介电损耗的大小,根据式(4.67)就能计算出此时介质棒的 $\varepsilon_r''$ 的大小。观察式(4.67),若想计算 $\varepsilon_r''$,首先要计算 0.2 MV 腔压下电场幅值的平方在介质棒内的体积分。可以使用 4.2.1 节中,与计算 0.2 MV 腔压下磁场大小时相同的方法,计算得到 0.2 MV 腔压下电场的大小。经过处理后,0.2 MV 腔压下的电场分布如图 4.21 所示。根据此时的电场分布,可以计算出式(4.67)中积分项的大小为

$$E^2 V = \iiint |\boldsymbol{E}|^2 \mathrm{d}v = 1.7398 \times 10^6 \tag{4.70}$$

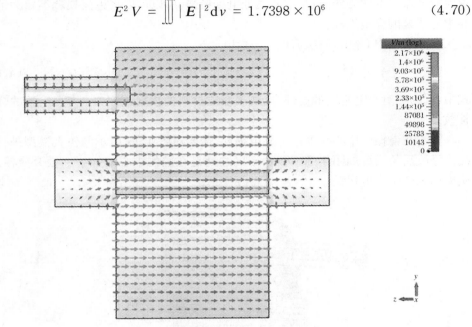

**图 4.21　0.2 MV 腔压下,模型中的电场分布**

将式(3.70)代入式(3.67),可以计算出此时的 $\varepsilon_r''$ 为

$$\varepsilon_r'' = \frac{2P_E}{\omega\varepsilon_0 \cdot E^2 V} = 2.0612 \tag{4.70}$$

　　至此,便计算得到了束流损耗等效为介电损耗情况下的介质棒的等效介电常数。计算过程中涉及的关键参数在表 4.7 中列出。

**表 4.7　将束流损耗等效为介电损耗,计算介质棒等效介电常数所使用的关键参数**

（腔压 0.2 MV,流强 500 mA）

| 参数 | 数值 |
| --- | --- |
| $P_b$ | 50 kW |
| $E^2 V$ | $1.7398 \times 10^6$ |
| $\varepsilon_r''$ | 2.0612 |

　　在图 4.20 的三维模型中,将介质棒的相对介电常数的虚部设置为 2.0612,就可以计算出等效模型的 $S$ 参数,如图 4.22 所示。此时系统的 $S_{11}$ 几乎为 0,说明系统处于匹配状态。使用 4.2.1 节中同样的方法,可以计算出 0.2 MV 腔压下对应的电场分布,如图 4.23 所示。计算过程中,电场的放大倍数为 322.9664。

　　根据电场的放大倍数,可以计算出入射功率的大小为

$$P_{in} = 322.9664^2 \times 0.5 = 52.1536 \,(\mathrm{kW}) \tag{4.71}$$

　　在谐振频率处,$S_{11}$ 的幅值为 0.001719,由此可以计算处反射功率的大小为

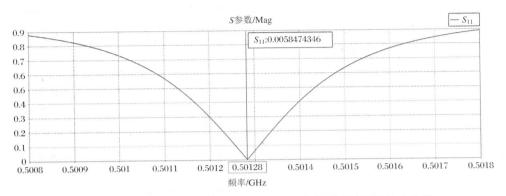

图 4.22　将束流损耗等效为介电损耗后,仿真模型计算得到的 $S$ 参数

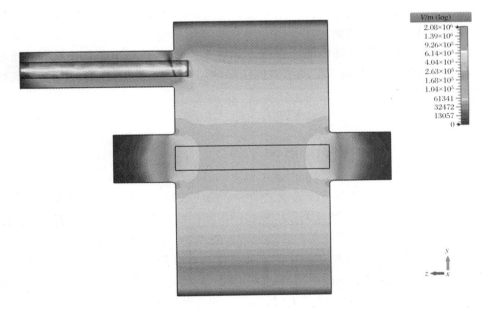

图 4.23　0.2 MV 腔压下,仿真模型中的电场分布

$$P_r = |S_{11}|^2 \times P_{in} = 1.7830 (W) \tag{4.72}$$

由于入射功率理论值为 52.4511 kW。对比可知,介质损耗等效模型计算得到的入射功率与理论公式计算得到的入射功率基本一致。

## 4.3　带束运行时的阻抗匹配

通常情况下,高频系统只有一个需要长期运行的腔压和流强,根据这个腔压和流强设计耦合器的耦合度,就可以使系统在匹配的状态下运行。然而,也有一些加速器在运行时需要切换工作模式,即工作在不同的流强状态下,如果耦合器的耦合度固定不变,那么系统将只能对一种流强实现匹配。

如果想让系统在任意流强下都处于匹配状态,通常有两种方法:

一种方法是,根据不同的流强改变耦合度的大小。这种方法通常应用于天线耦合的情况,因为天线处于悬置状态,通过步进电机改变天线的插入深度,即可实现耦合度的在线调节。这种方法通常会使耦合器的机械结构变得复杂,增加了加工难度。它的好处是,一旦调配后,在耦合天线与功率源之间,传输线和耦合器主体部分中无反射功率,微波场全部处于行波状态。

另一种方法是,不改变耦合度,而是在耦合器的前段增加一个调配器,通过调配器的阻抗变换使得系统处于匹配状态。这种方法调配环节独立于耦合器之外,不需要改变耦合器的机械设计。在非真空侧的传输线部分,调配器的调节方式简单方便。但需要注意的是,由于调配器在耦合器的前端,耦合天线处由于不匹配产生的反射功率会在耦合器内部形成驻波分量,耦合器内的场不是行波状态。而在调配器和功率源之间,由于实现了阻抗匹配,所以在此部分的传输线中,微波场处于行波状态。

本章将重点讨论第二种调配方法。

## 4.3.1 双线调配器原理

双线调配器是在负载与传输线之间并联两段较短的传输线,两段传输线的终端短路或者开路,通过调整这两段传输线的短路面或开路面的位置,从而调整系统的阻抗处于匹配状态。双线调配器的原理如图 4.24 所示,在实际的结构设计中短路面用起来更方便一些,所以图中的双线终端选择短路状态。传输线的特性阻抗为 $Z_0$,负载阻抗为 $Z_L$,负载距离短截线 1 的距离是 $l_0$,短截线 1 和短截线 2 之间的距离是 $d$,短截线 1 的长度是 $l_1$,短截线 2 的长度是 $l_2$。

为了论述方便,可以将负载阻抗通过长度为 $l_0$ 的传输线,变换到短截线 1 的节点处。变换后,图 4.24 将简化成图 4.25 的形式。在节点 1 处,等效的负载阻抗 $Z_L'$ 的大小为

$$Z_L' = Z_0 \frac{1 + \Gamma e^{-j2\beta l}}{1 - \Gamma e^{-j2\beta l}} \tag{4.73}$$

基于图 4.25 所示的等效电路,下面将在 Smith 圆图中,论述双线调配器的阻抗匹配过程。由于是并联等效电路,所以在 Smith 导纳圆图中进行论述更为方便。

首先需要明确一下,在论述中将要使用的几个过程量。$Z_L'$ 对应的等效导纳为 $Y_L'$,短截线 1 的并联导纳为 $Y_1$。图 4.25 中,等效负载 $Z_L'$ 与短截线 1 并联后,经过长度为 $d$ 的传输线,在节点 2 处构成了输入阻抗 $Z_{in}'$。$Z_{in}'$ 对应的并联输入导纳

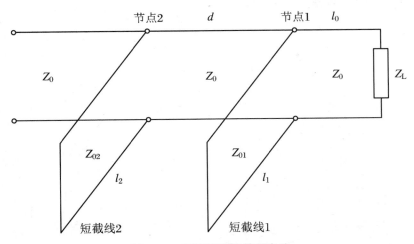

**图 4.24　双线调配器等效电路**

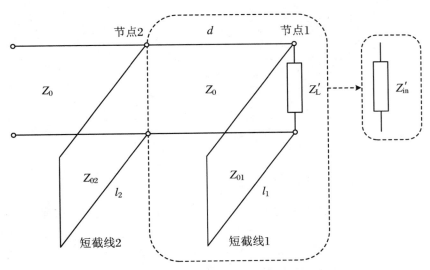

**图 4.25　负载阻抗变换到节点 1 后的等效电路**

为 $Y'_{in}$，短截线 2 的并联导纳为 $Y_2$。画在 Smith 圆图中的阻抗和导纳，都需要进行归一化处理，即阻抗和导纳对传输线的特性阻抗和特性导纳进行归一化。归一化之后，表示阻抗和导纳的大写字母 $Z$ 和 $Y$，将变成小写形式的 $z$ 和 $y$，其对应关系可表示为

$$z = \frac{Z}{Z_0}$$

$$y = \frac{Y}{Y_0} \tag{4.74}$$

在下面的论述过程中，阻抗和导纳都将使用归一化之后的小写形式。论述中使用

的 Smith 导纳圆图，如图 4.26 所示。

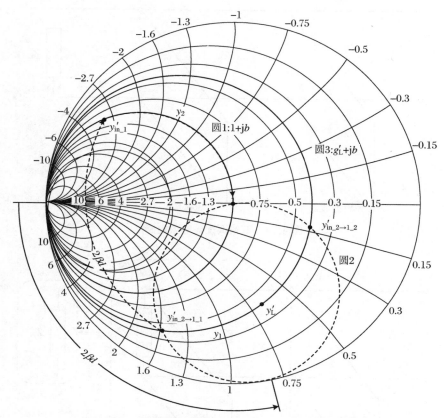

**图 4.26　双线调配器阻抗匹配过程的 Smith 导纳圆图**

在节点 2 处，总的输入阻抗为 $z_{in}$，其对应的并联导纳满足如下关系：

$$y_{in} = y'_{in} + y_2 \tag{4.75}$$

由于短截线 2 终端短路，其并联导纳 $y_2$ 的大小为

$$y_2 = \frac{1}{z_2} = \frac{1}{jz_{02}\tan\beta l_2} = jb_2 \tag{4.76}$$

式中，$z_{02}$ 是短截线 2 的归一化特性阻抗，$b_2$ 是 $y_2$ 的电纳分量。

由式（4.76）可以看出，$y_2$ 为纯虚数。这表明，$y_2$ 无电导分量，只有电纳分量。这进一步说明，$y_2$ 只能影响 $y_{in}$ 的电纳分量。由于阻抗调节的目的是使 $y_{in} = 1$，这就要求式（4.75）中的 $y'_{in}$ 满足如下关系：

$$y'_{in} = 1 + jb'_{in} \tag{4.77}$$

式（4.77）说明，在导纳圆图中，要处在 $1 + jb$ 圆上。这里将导纳圆图中的 $1 + jb$ 圆，命名为圆 1。下面的工作就是要确定 $y'_{in}$ 在圆 1 上的位置。

在导纳圆图中，将圆 1 与处在圆上的 $y'_{in}$ 一起逆时针旋转 $2\beta d$，得到圆 2。对

$y'_\text{in}$进行逆时针旋转的作用是,将节点 2 处的 $y'_\text{in}$ 变换到节点 1 处,得到其在节点 1 处的导纳 $y'_{\text{in}\_2\to1}$。由于是同步旋转,$y'_{\text{in}\_2\to1}$仍处在圆 2 上。$y'_{\text{in}\_2\to1}$的大小满足

$$y'_{\text{in}\_2\to1} = y_1 + y'_L \tag{4.78}$$

因为短截线 1 也是终端短路,参考式(4.76),$y_1$ 的大小为

$$y_1 = \frac{1}{z_1} = \frac{1}{\mathrm{j}z_{01}\tan\beta l_1} = \mathrm{j}b_1 \tag{4.79}$$

式中,$z_{01}$是短截线 1 的归一化特性阻抗,$b_1$ 是 $y_1$ 的电纳分量。

在导纳圆图中,找到 $y'_L$ 的位置。将 $y'_L$ 所处的 $g'_L + \mathrm{j}b$ 圆,命名为圆 3。由于 $y_1$ 只有电纳分量,所以 $y_1 + y'_L$ 的作用相当于将 $y'_L$ 沿圆 3 滑动。圆 3 与圆 2 有两个交点,分别是 $y'_{\text{in}\_2\to1\_1}$ 和 $y'_{\text{in}\_2\to1\_2}$,$y'_L$沿着圆 3 顺时针滑动到达 $y'_{\text{in}\_2\to1\_1}$,$y'_L$沿着圆 3 逆时针滑动到达 $y'_{\text{in}\_2\to1\_2}$。这表明,系统有两种调配方法,而 $y'_{\text{in}\_2\to1\_1}$ 和 $y'_{\text{in}\_2\to1\_2}$分别对应这两种调配方法下 $y'_{\text{in}\_2\to1}$ 的解。为了表述方便,本书选择顺时针滑动的调配方法详加论述。

如前所述,将 $y'_L$ 沿着圆 3 顺时针滑动 $y_1$ 得到 $y'_{\text{in}\_2\to1\_1}$。然后,将 $y'_{\text{in}\_2\to1\_1}$ 与圆 2 一起顺时针旋转 $2\beta d$,圆 2 又旋转回到圆 1 位置处。对 $y'_{\text{in}\_2\to1\_1}$进行顺时针旋转的作用是,将节点 1 处的 $y'_{\text{in}\_2\to1\_1}$变换到节点 2 处,其对应的导纳为 $y'_{\text{in}\_1}$。由于是同步旋转,所以 $y'_{\text{in}\_1}$将处在圆 1 上。最后,将 $y'_{\text{in}\_1}$沿着圆 1 顺时针旋转 $y_2$,就可以使节点 2 处的输入导纳 $y_\text{in}$到达原点,即在节点 2 处实现了阻抗匹配。

在上述过程中,只要在导纳圆图中找到了 $y'_{\text{in}\_2\to1\_1}$ 和 $y'_{\text{in}\_1}$的对应值,就可以计算出短截线 1 和短截线 2 所对应的导纳值,其计算公式为

$$\begin{aligned} y_1 &= y'_{\text{in}\_2\to1\_1} - y'_L \\ y_2 &= 1 - y'_{\text{in}\_1} \end{aligned} \tag{4.80}$$

在上面介绍的调配过程中,找到圆 2 和圆 3 的交点,是整个过程的关键环节。如果这两个圆能够找到交点,那么就可以继续向下进行完成系统的调配;如果这两个圆没有交点,那么后续步骤将无法继续,这意味着系统无法实现调配。这说明,双线调配器存在着调配盲区。

双线调配器的盲区如图 4.27 所示,盲区的外边界是一个电导圆,此圆与圆 2 相切。由于短截线 1 只有电纳分量,只能使与其并联的负载导纳沿着其所在的电导圆滑动,所以一旦负载导纳落入盲区,无论它怎样滑动都无法与圆 2 找到交点。

由于盲区的外边界圆要与圆 2 相切,这样就可以通过调整圆 2 的位置改变盲区的大小。观察图 4.26,只需要改变圆 2 的旋转角度 $2\beta d$,就可以改变圆 2 的位置。在实际的电路中,改变 $2\beta d$ 相当于改变短截线 1 和短截线 2 之间的距离 $d$。$d$ 变小,则盲区缩小;$d$ 变大,则盲区扩大。

在实际的结构设计中,双线之间的距离不可能无限靠近,所以双线的调配盲区始终存在。然而,这并不影响双线调配器的使用,因为我们有简便可行的方法"逃离盲区"。如图 4.27 所示,假设负载导纳 $y_L$ 落入盲区。那么,在图 4.24 的等效电

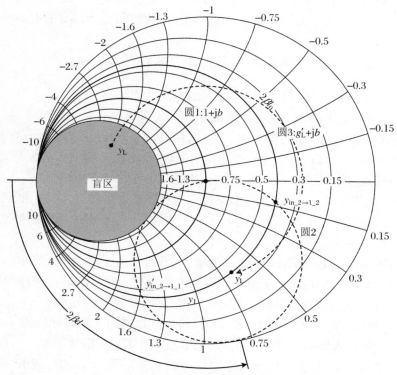

**图 4.27　双线调配器的盲区**

路中,负载与节点 1 之间的这段传输线将派上用场,这段传输线将对负载进行阻抗变换,其在导纳圆图中的效果是将 $y_L$ 围绕原点顺时针旋转 $2\beta l_0$。因此,只要适当选取 $l_0$ 的长度,就可以将 $y_L$ 旋转出盲区,进而得到 $y_L'$。找到 $y_L'$ 后,就可以按步骤进行系统的匹配调节。

## 4.3.2　非匹配流强下的系统调配

本节将重点讨论,当流强发生变化时,在耦合度不变的情况下,如何使用双线调配器,对系统进行匹配调节。

高频系统在带束运行的时候,调谐器会对系统调谐,抵消束流负载的电抗分量,使系统工作在谐振状态。在调谐的情况下,在图 4.13 的等效电路中,加入耦合器和调配器的部分,就可以得到系统调节匹配时的等效电路,如图 4.28 所示。电路中,谐振腔、束流以及耦合天线构成的总输入阻抗可以用 $Z_L$ 代表。将调配器的形式选为双线调配器,这样一来,由 $Z_L$、耦合器以及调配器组成的系统,就构成了图 4.24 的电路形式。

一旦选定了系统参数,就可以对整个系统进行阻抗匹配,下面就对调配过程进行详细论述。

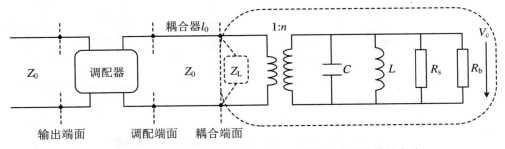

图 4.28　在系统调谐的情况下,带有调配器的高频系统等效电路

首先,将选定的高频系统参数在表 4.8 中列出。系统的工作腔压为 $0.2\,\mathrm{MV}$,匹配流强为 $500\,\mathrm{mA}$,其对应的耦合度是 $21.3988$。当工作流强 $I_0$ 为 $200\,\mathrm{mA}$ 时,根据式(4.6)可以计算出此时的束流等效电阻 $R_b$ 为

$$R_b = \frac{0.2 \times 10^6}{2 \times 0.2 \times \cos 60^\circ} = 1 \times 10^6\,(\Omega) \tag{4.81}$$

表 4.8　阻抗调配过程中使用的高频系统参数

| 束流参数 | 数值 | 电路参数 | 数值 | 耦合参数 | 数值 |
|---|---|---|---|---|---|
| $I_0$ | $200\,\mathrm{mA}$ | $C$ | $1.5787\,\mathrm{pf}$ | $I_{0\_match}$ | $500\,\mathrm{mA}$ |
| $V_c$ | $0.2\mathrm{MV}$ | $L$ | $64.1803\,\mathrm{nH}$ | $Z_0$ | $50\,\Omega$ |
| $\varphi_s$ | $60^\circ$ | $R_s$ | $8.1595 \times 10^6\,\Omega$ | $\beta$ | $21.3988$ |
| $f_0$ | $500\,\mathrm{MHz}$ | $R_b$ | $1 \times 10^6\,\Omega$ | $n$ | $87.3278$ |

在 CST Design Studio 中,建立图 4.28 中虚线包围部分的电路仿真模型,如图 4.29 所示。电路模型中的各元器件,均选用表 4.8 中的各对应参数。利用此模型,可以计算出在耦合端面的总输入阻抗和输入导纳为

$$Z_L = 116.8118\,\Omega$$
$$Y_L = 0.008561\,\mathrm{S} \tag{4.82}$$

其对应的归一化输入阻抗和归一化输入导纳为

$$z_L = \frac{Z_L}{Z_0} = 2.3362$$
$$y_L = \frac{Y_L}{Y_0} = 0.4281 \tag{4.83}$$

将 $y_L$ 画在导纳圆图中,如图 4.30 所示,$y_L$ 位于反射系数的实部轴之上,表明 $y_L$ 为纯电导性。

如果将双线调配器的短截线 1 与短截线 2 之间的距离选取为 $\frac{\lambda}{8}$($\lambda$ 为 500 MHz

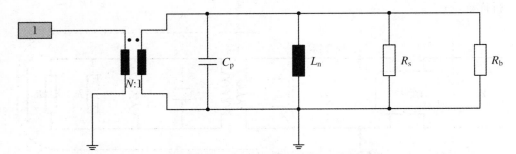

**图 4.29　耦合天线、谐振腔与束流负载的电路仿真模型**

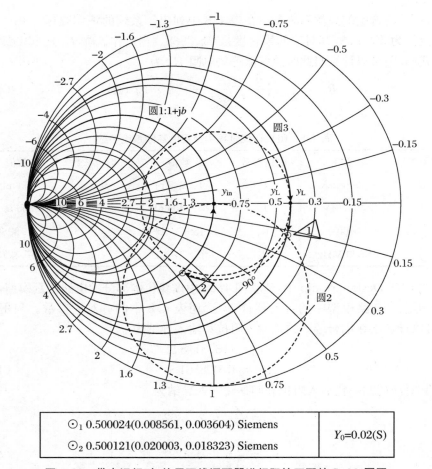

⊙₁ 0.500024(0.008561, 0.003604) Siemens

⊙₂ 0.500121(0.020003, 0.018323) Siemens

$Y_0=0.02$(S)

**图 4.30　带束运行时,使用双线调配器进行阻抗匹配的 Smith 圆图**

频率对应的波长),那么有

$$2\beta d = 2 \cdot \frac{2\pi}{\lambda} \cdot \frac{\lambda}{8} = \frac{\pi}{2} \tag{4.84}$$

如上一节所述,在导纳圆图中,需要将 $1+\mathrm{j}b$ 圆逆时针旋转 $90°$,进而得到圆 2,如图 4.30 所示。在图中观察,$y_\mathrm{L}$ 显然不在双线调配器的盲区之内。因为耦合器代表的传输线会对 $y_\mathrm{L}$ 进行阻抗变换,为了论述方便,可以选取耦合器的长度 $l_0 = \dfrac{\lambda}{2}$,这相当于将 $y_\mathrm{L}$ 围绕原点旋转 360 之后得到 $y'_\mathrm{L}$,并且 $y'_\mathrm{L}$ 和 $y_\mathrm{L}$ 重合,即

$$y'_\mathrm{L} = y_\mathrm{L} \tag{4.85}$$

在导纳圆图中,$y'_\mathrm{L}$ 处在圆 3 之上。圆 3 与圆 2 的交点,在图中用 Marker 1 标出。Marker 1 的位置就对应了 $y'_{\mathrm{in\_2}\to 1\_1}$ 的导纳,其大小为

$$y'_{\mathrm{in\_2}\to 1\_1} = 0.4281 + \mathrm{j}0.1802 \tag{4.86}$$

利用式(3.80)可以计算出,$y_1$ 的大小为

$$y_1 = (0.4281 + \mathrm{j}0.1802) - 0.4281 = \mathrm{j}0.1802 \tag{4.87}$$

将 Marker 1 的点围绕原点顺时针旋转 $90°$,即可得到 $y'_{\mathrm{in\_2}\to 1\_1}$ 经过阻抗变换之后的对应点 $y'_{\mathrm{in\_1}}$,此点位于圆 1 之上,在图中用 Marker 2 标出。由此可以得知 $y'_{\mathrm{in\_1}}$ 的大小为

$$y'_{\mathrm{in\_1}} = 1 + \mathrm{j}0.9162 \tag{4.88}$$

利用式(4.80)可以计算出,$y_2$ 的大小为

$$y_2 = 1 - (1 + \mathrm{j}0.9162) = -\mathrm{j}0.9162 \tag{4.89}$$

目前,已经计算出了短截线 1 和短截线 2 的导纳大小。为了方便,将短截线的特性阻抗仍选取为 $Z_0$,利用式(4.76)和式(4.79),可以计算出两个短截线的长度分别为

$$l_1 = \frac{1}{\beta}\arctan\left(\frac{1}{\mathrm{j}y_1}\right) + n \cdot \frac{\lambda}{2} \quad (n = 0,1,2,\cdots)$$

$$l_2 = \frac{1}{\beta}\arctan\left(\frac{1}{\mathrm{j}y_2}\right) + n \cdot \frac{\lambda}{2} \quad (n = 0,1,2,\cdots) \tag{4.90}$$

将 $y_1$ 和 $y_2$ 的值代入式(4.90)中,将 $l_1$ 和 $l_2$ 分别取解中的最小正数,可得

$$l_1 = \frac{1}{\beta}\arctan\left(\frac{1}{\mathrm{j}y_1}\right) = 166.9096$$

$$l_2 = \frac{1}{\beta}\arctan\left(\frac{1}{\mathrm{j}y_2}\right) = 79.1187 \tag{4.91}$$

可以建立短截线的仿真模型,对式(4.90)计算的短截线长度加以验证。终端短路的短截线 1 和短截线 2 的仿真模型,如图 4.31 所示。短截线的导纳计算结果,在导纳圆图中画出,如图 4.32 所示。从图中可以看出,仿真的导纳计算结果与理论值一致。为了论述清晰,将上文中使用到的或者计算出的双线调配器参数在表 4.9 中列出。

**表 4.9　阻抗调配过程中，使用的双线调配器参数**

| 双线调配器参数 | 数值 |
|---|---|
| $f_0$ | 500 MHz |
| $Z_0$ | 50 Ω |
| $d$ | $\lambda/8$ |
| $l_1$ | 166.9096 |
| $l_2$ | 79.1187 |

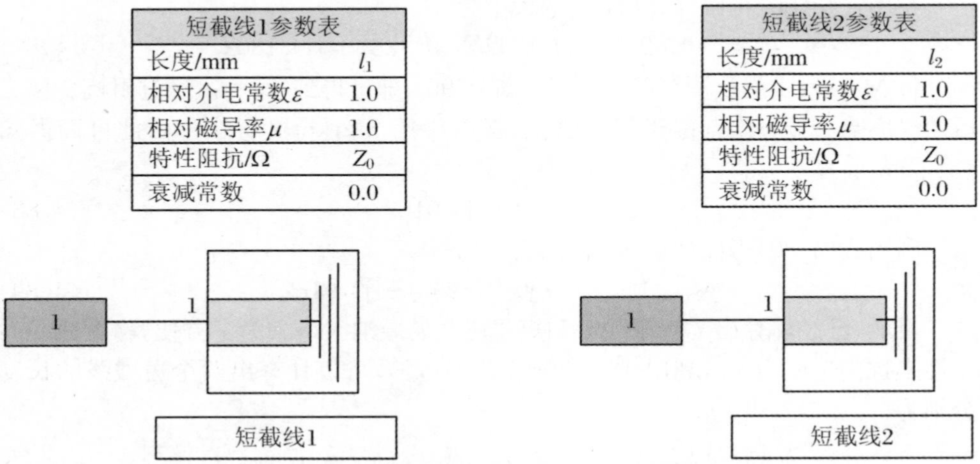
短截线1参数表
长度/mm $l_1$
相对介电常数$\varepsilon$ 1.0
相对磁导率$\mu$ 1.0
特性阻抗/Ω $Z_0$
衰减常数 0.0
短截线2参数表
长度/mm $l_2$
相对介电常数$\varepsilon$ 1.0
相对磁导率$\mu$ 1.0
特性阻抗/Ω $Z_0$
衰减常数 0.0
1
1
短截线1
1
1
短截线2

**图 4.31　终端短路的短截线 1 和短截线 2 仿真模型**

进一步地，可以建立双线调配器的传输线模型，如图 4.33 所示。短截线 1 和短截线 2 之间，有一节传输线，用以表示双线之间的距离 $d$。作为一个完整独立的微波器件，短截线 1 的后端需要有一截输入线，用来作接口设计，从而实现与负载 $Z_{in}$的连接。短截线 2 的前段是输出线，用来与标准传输线 $Z_0$ 相连。需要注意的是，在前面的论述中，已经合理选取了耦合器的长度，完成了从 $Z_L$ 到 $Z'_L$的阻抗变换。此处，输入线的引入，会改变图 4.28 中耦合端面与调配端面之间的电长度。为了保证在 $Z'_L$经过输入线的阻抗变换之后，新的输入阻抗的值与 $Z'_L$相同，我们可以选取输入线的长度为$\frac{\lambda}{2}$。相比之下，输出线的长度可以任意选取。双线调配器模型的 $S$ 参数仿真结果如图 4.34 所示。

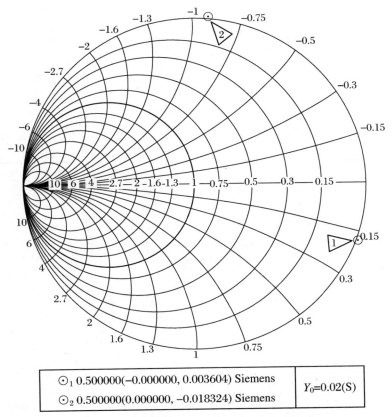

$\odot_1$ 0.500000(−0.000000, 0.003604) Siemens

$\odot_2$ 0.500000(0.000000, −0.018324) Siemens

$Y_0$=0.02(S)

图 4.32 短截线 1 和短截线 2 的导纳计算结果

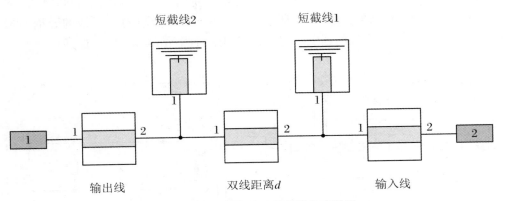

图 4.33 双线调配器的传输线仿真模型

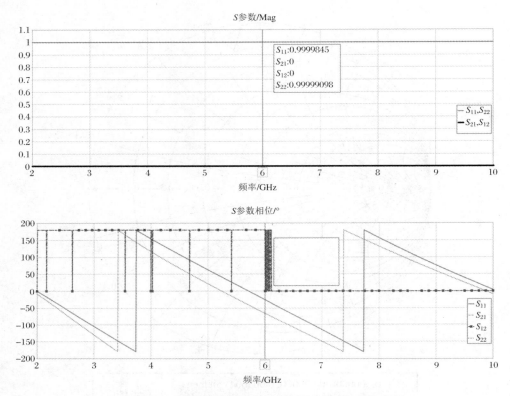

**图 4.34　双线调配器传输线模型的 $S$ 参数仿真结果**

　　将图 4.33 所示的双线调配器模型和图 4.29 所示的 $Z_L$ 的电路模型进行整合，就可以得到整个调配系统的仿真模型，如图 4.35 所示。在工作频率 500 MHz，整个系统的导纳计算结果如图 4.36 所示。可以看出，经过调配后，系统的导纳回到了原点，系统达到了良好的匹配状态。系统的 $S_{11}$ 计算结果，如图 4.37 所示。

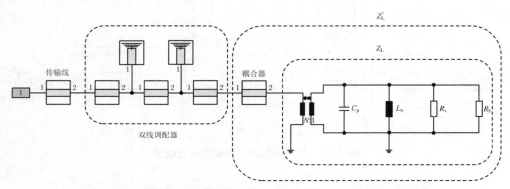

**图 4.35　包含双线调配器、耦合器、谐振腔与束流负载的整个调配系统的仿真模型**

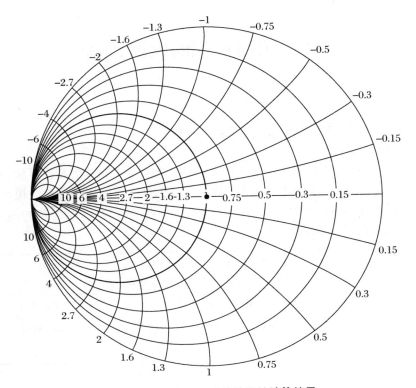

**图 4.36　整个调配系统的导纳计算结果**

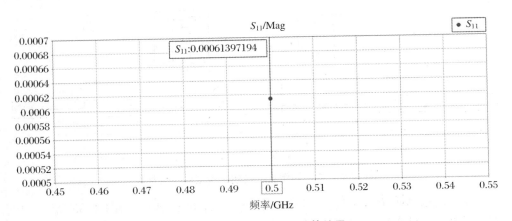

**图 4.37　整个系统的 $S_{11}$ 计算结果**

# 4.4 阻抗匹配的频域仿真

## 4.4.1 双线调配器的结构设计

在 4.3.2 节中,针对工作腔压 0.2 MV、匹配流强 500 mA 的高频系统,在耦合度不变的情况下,设计了系统工作在 200 mA 时的双线调配器的传输线模型,本节将对此双线调配器进行三维结构设计。为了便于参考,将双线调配器的传输线模型和相关参数在图 4.38 中给出。

| $\beta$ 与 0.2 MV 腔压、500 mA 流强匹配<br>$I_0 = 200$ mA 时,双线调配器参数 | | | |
| --- | --- | --- | --- |
| $f_0$ | 500 MHz | $l_1$ | 166.9096 |
| $Z_0$ | 50 Ω | $l_2$ | 79.1187 |
| $d$ | $\lambda/8$ | $l_{in}$ | $\lambda/2$ |

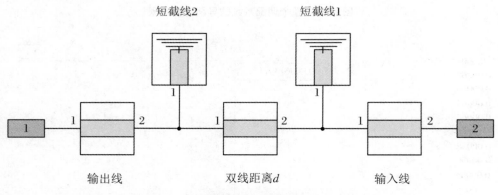

图 4.38 双线调配器的传输线模型和相关参数

根据传输线模型,可以建立双线调配器的三维仿真模型,如图 4.39 所示。模型中的各参数首先按照图 4.38 的参数表进行取值,模型的 S 参数仿真结果如图 4.40 所示。从传输线模型到三维模型的过渡中,由于受节点处空间结构的影响,双线调配器的参数在两种模型中往往不能严格地一一对应。所以,在传输线模型所代表的理论值的基础上,仍需要对三维模型进行适当优化。

双线调配器的三维模型优化,需要针对负载 $Z'_L$ 进行。所以,需要将双线调配

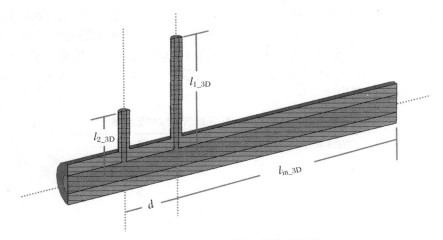

**图 4.39 双线调配器三维仿真模型**

器的三维模型与负载 $Z'_L$ 对应的等效电路模型在 Design Studio 中进行串联,从而进行联合仿真,其模型如图 4.41 所示。

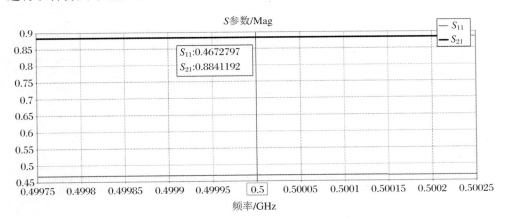

**图 4.40 双线调配器三维模型的 $S$ 参数仿真结果**

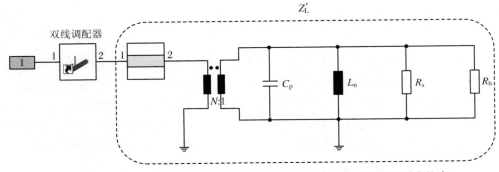

**图 4.41 双线调配器三维模型与负载 $Z'_L$ 对应的等效电路模型进行联合仿真**

经过参数优化之后,双线调配器三维模型的各参数在表 4.10 中列出,可以看出三维模型的 $l_{1\_3D}$,$l_{2\_3D}$,$l_{in\_3D}$ 与理论值有些许不同。双线调配器的 $S$ 参数计算结果如图 4.42 所示,计算结果与图 4.34 所示的理论值十分接近。优化之后,整个系统的导纳如图 4.43 所示,系统的导纳处于原点处,表明系统已经到达匹配状态。系统的 $S_{11}$ 计算结果如图 4.44 所示。

表 4.10　优化后的双线调配器三维模型参数

| 双线调配器三维模型参数 | 数值 |
| --- | --- |
| $f_0$ | 500 MHz |
| $Z_0$ | 50 Ω |
| $d$ | $\lambda/8$ |
| $l_{1\_3D}$ | 174.91 |
| $l_{2\_3D}$ | 87.12 |
| $l_{in\_3D}$ | 319.99 |

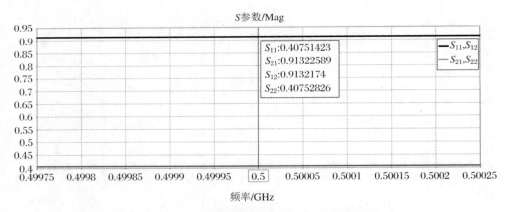

图 4.42　优化后的双线调配器 $S$ 参数计算结果

## 4.4.2　谐振腔与束流的三维模型

在 4.2.1 节已经介绍过将束流负载等效为腔耗的方法,本节中谐振腔与束流的等效模型仍将采用此方法获得。但是有一点不同的是,在本节中为了将谐振腔与束流系统的谐振频率控制在 500 MHz,在谐振腔中放置了一个调谐块,用于对系统进行频率调节。本节使用的谐振腔与束流的三维模型如图 4.45 所示。调谐块改变了谐振腔的局部电容,因此调整调谐块的大小就可以改变系统的谐振频率。

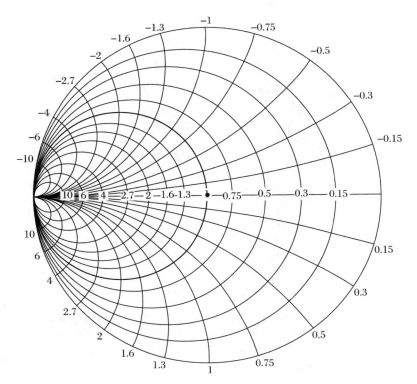

图 4.43　优化后整个系统的导纳计算结果

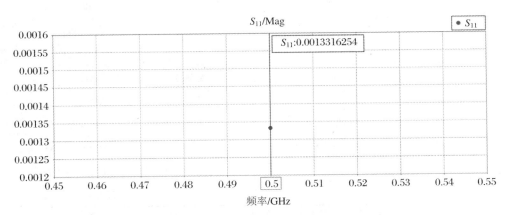

图 4.44　优化后整个系统的 $S_{11}$ 计算结果

　　当流强为 200 mA 时,将束流损耗等效为腔耗,需要计算此时腔壁对应的表面电阻和电导率。由于调谐块的引入,系统模型发生了变化,所以谐振腔和耦合天线的参数也需要重新进行计算,整个计算过程与 4.2.1 节讲解的方法一致,所以在本节就不再详细介绍。重新计算后,等效系统模型的关键参数在表 4.11 中列出。

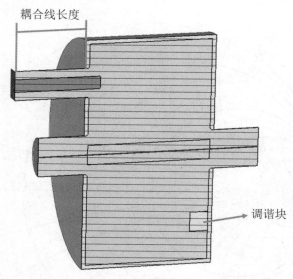

**图 4.45　加入调谐块的谐振腔与束流三维仿真模型**

**表 4.11　加入调谐块后,谐振腔与束流等效系统模型的关键参数**

| 谐振腔参数 | 数值 | 匹配点 | 数值 |
|---|---|---|---|
| $f_0$ | 500.0089 MHz | $V_c$ | 0.2 MV |
| $R_s$ | $7.9942\times10^6\ \Omega$ | $I_{0\_match}$ | 500 mA |
| $Q_0$ | $4.0306\times10^4$ | $\varphi_s$ | 60° |
| | | $P_{b\_match}$ | 50 kW |
| | | $P_c$ | 2.5018 kW |
| 耦合参数 | 数值 | 等效参数 | 数值 |
| $Z_0$ | 50 Ω | $I_0$ | 200 mA |
| $\beta$ | 20.9854 | $P_b$ | 20 kW |
| $Q_e$ | $1.9207\times10^3$ | $I_{surf}^2$ | $8.5820\times10^5\ A^2$ |
| | | $R_{surf}$ | $5.2440\times10^{-2}\ \Omega$ |
| | | $\sigma$ | $7.1782\times10^5\ S/m$ |

　　在频域求解器中,将腔壁的电导率设置为表 4.11 中的等效电导率,并选取合适的耦合线长度,可以计算得到端口 1 的 $S_{11}$,如图 4.46 所示。由于此时的耦合度与流强并不匹配,所以在 500 MHz 频点,系统存在反射功率。系统在端口 1 的输入导纳,如图 4.47 所示。可以看出,此时的系统在 500 MHz 频点,表现为纯电导性。

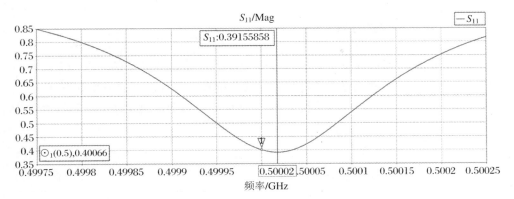

图 4.46　三维仿真模型的 $S_{11}$ 计算结果

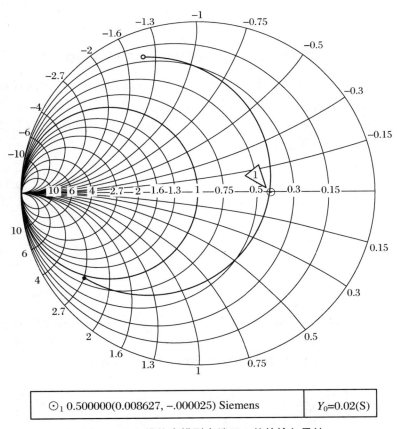

图 4.47　三维仿真模型在端口 1 处的输入导纳

### 4.4.3　联合仿真

在前两节中,通过计算得到了双线调配器的三维模型以及谐振腔与束流的三维模型,利用上述模型就可以进行系统的联合仿真。联合仿真的模型如图 4.48 所示,此模型与图 4.28 所示的系统模型——对应。如前所述,耦合器的长度选取为 $\frac{\lambda}{2}$。

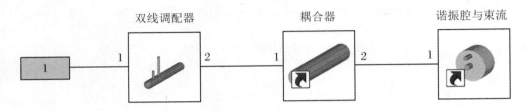

双线调配器　　　　　　耦合器　　　　　谐振腔与束流

**图 4.48　双线调配器、耦合器、谐振腔与束流三维模型的联合仿真**

经过联合仿真,端口 1 处计算得到的 $S_{11}$ 如图 4.49 所示。经过双线调配器的调节,系统此时的反射几乎为 0。系统在端口 1 处的输入导纳,如图 4.50 所示。经过双线调配器的调节,系统的输入导纳回到了原点处。以上两点均表明,经过双线调配器的调节,系统达到了良好的匹配状态。

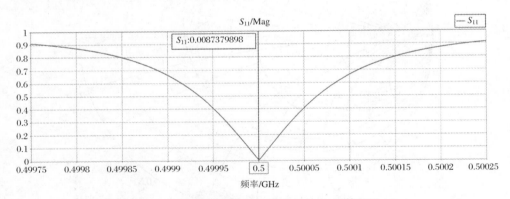

**图 4.49　联合仿真得到的端口 1 处 $S_{11}$ 计算结果**

### 4.4.4　场分布

在联合仿真中,可以很好地反映系统的匹配状态,但是并不能直观地看到系统内的场分布,所以本节将直接建立整个系统的三维仿真模型。系统的三维模型如图 4.51 所示,模型的组成结构与图 4.28 所示的系统电路模型——对应。

整个模型的网格划分如图 4.52 所示。在频域求解器中,可以计算得到端口 1
处的 $S_{11}$,如图 4.53 所示。可以看出,在 500 MHz 频点,系统的反射功率很小。系
统在端口 1 处的输入导纳,如图 4.54 所示。在 500 MHz 频点,系统的导纳回到了
原点,系统处于匹配状态。以上计算结果均与上一节的联合仿真结果一致。

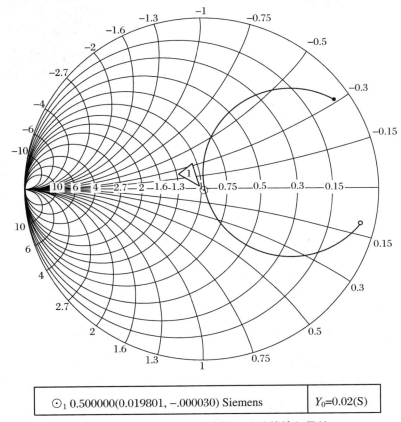

| $\odot_1$ 0.500000(0.019801, −.000030) Siemens | $Y_0$=0.02(S) |
| --- | --- |

图 4.50 联合仿真模型在端口 1 处的输入导纳

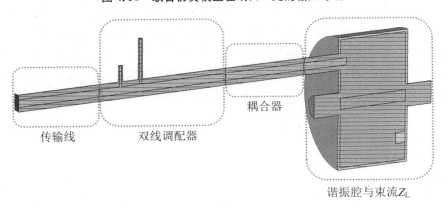

图 4.51 传输线、双线调配器、耦合器、谐振腔与束流负载的整体三维仿真模型

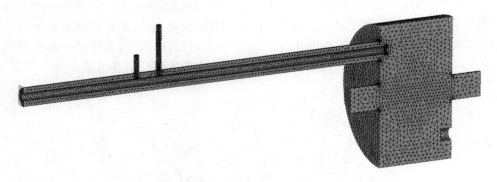

**图 4.52　整体三维仿真模型的网格划分**

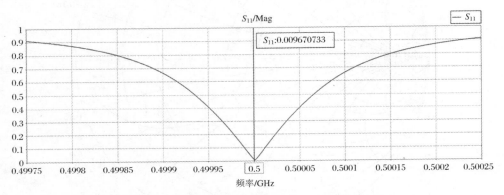

**图 4.53　整体三维仿真模型在端口 1 处的 $S_{11}$ 计算结果**

系统内的电场分布,如图 4.55 所示。为了清楚地反映系统内行波与驻波分布的变化情况,可以在耦合器和传输线内部建立积分线,通过电场的积分得到内、外导体间的电压幅值,进而得到系统内的电压幅值分布。

在耦合器和传输线内建立的积分线,如图 4.56 所示。进一步可以得到,电压幅值分布如图 4.57 所示,图中粗线是电压幅值沿耦合器的分布,图中虚线是电压幅值沿传输线的分布。可以看出,在耦合器中,电磁场是混波模式,具有一定的反射功率;而在传输线中,电磁场是行波模式,没有反射功率。以上的分析表明,调配器可以实现系统调配的功能,但是调配器只能保证其前端的传输线中传播的是行波场,而其后端的耦合器中电磁场具有一定的驻波分量。

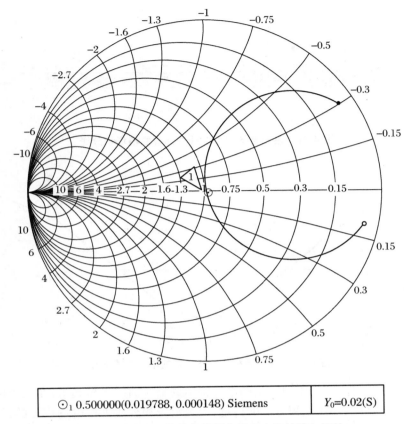

| $\odot_1$ 0.500000(0.019788, 0.000148) Siemens | $Y_0{=}0.02(S)$ |
| --- | --- |

图 4.54　整体三维仿真模型在端口 1 处的输入导纳

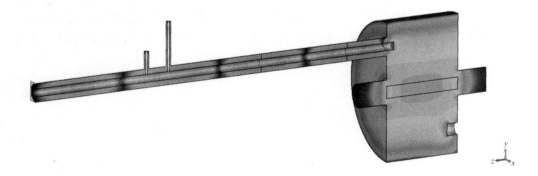

图 4.55　整体三维仿真模型内的电场分布

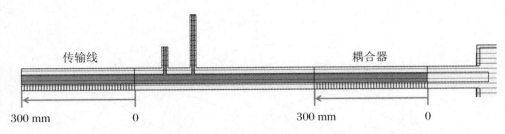

**图 4.56　在耦合器和传输线内部建立电场积分线**

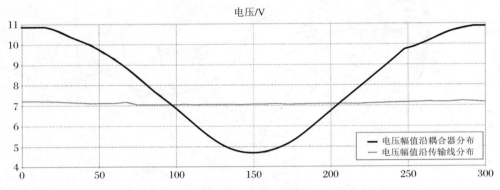

**图 4.57　耦合器和传输线内部的电压幅值分布**

　　在上面的计算中，为了使绘制的电场幅值的分布曲线尽量光滑，在三维模型中建立了许多积分线。建立积分线的过程，以及沿着积分线进行电场积分的过程，需要大量的重复性操作。为了简化工作，避免重复操作，我们可以在 CST 中使用VBA 功能，对计算过程进行编程处理。程序的编写过程本书不进行详细介绍，只在本节的最后把程序代码列出，以便感兴趣的读者参考使用。建立积分线的程序代码如图 4.58 所示，进行电压幅值积分并绘制电压分布曲线的程序代码如图 4.59所示。

```
' 绘制积分线

Sub Main

    Dim i As Integer, num As Integer, n As Integer, n0 As Integer
    Dim Linename As String, Curvename As String
    Dim x_line As Double, dx As Double, l0 As Double
    n=40
    n0=10
    x_line=0
    dx=lumda/2/n
    l0=-lumda/2

    WCS.AlignWCSWithGlobalCoordinates
    WCS.RotateWCS "v", "-(90.0)"

    For i =0 To n

        num=n0+i
        Linename= "line"+Cstr(num)
        Curvename="curve"+Cstr(num)
        x_line=l0+dx*i

        With Line
        .Reset
        .Name Linename
        .Curve Curvename
        .X1 Cstr(x_line)
        .Y1 "-Rin"
        .X2 Cstr(x_line)
        .Y2 "-Rout"
        .Create
        End With

    Next i

End Sub
```

图 4.58　建立积分线的程序代码

```
'电压幅值积分并绘制电压分布曲线

Sub Main

    Dim n As Integer, i As Integer, num As Integer, n0 As Integer
    Dim dIntReal(50) As Double, dIntImag(50) As Double, dx As Double, x As Double
    Dim curvename As String, resultname As String
    n=40
    n0=10
    dx=lumda/2/n

    Dim result2 As Object
    Set result2 = Result1DComplex("")

    SelectTreeItem ("2D/3D Results\E-Field\e-field (f=0.5) [1]")

    For i=0 To n

        num=n0+i
        curvename="curve"+Cstr(num)
        EvaluateFieldAlongCurve.IntegrateField (curvename, "y", dIntReal(i), dIntImag(i))
        x=dx*i

        With result2
         .AppendXY(x,dIntReal(i),dIntImag(i))
         .Title("Voltage (V)")
         .Save("V_cpl_1D")
         .AddToTree("1D Results\Voltage\Voltage along coupler")
        End With

    Next

End Sub
```

图 4.59　进行电压幅值积分并绘制电压分布曲线的程序代码

# 4.5　失谐分析

## 4.5.1　失谐的测量

### 1. 测试原理

在 4.1.3 节中已经提到,谐振腔的频率变化在运行中无法直接测量,需要通过信号间的相位差来间接测量,本节将进一步探讨频率变化量与信号相位差的关系,并具体论述这一测量过程。

　　我们可以建立一个谐振腔的双端口耦合模型,其等效电路如图 4.60 所示。谐振腔有两个耦合端口,耦合度分别是 $\beta_1$ 和 $\beta_2$。高频系统中,经常使用此模型,一个端口用来给谐振腔中馈入功率,另一个端口用来提取谐振腔中的信号。

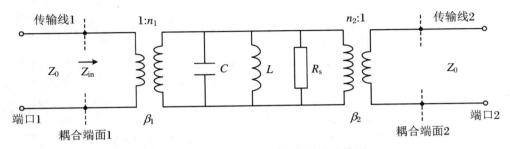

**图 4.60　谐振腔双端口耦合等效电路模型**

　　在对双端口模型进行电路分析时,首先选取耦合端面 1 和耦合端面 2 作为参考端面。将端口 1 作为信号输入端,端口 2 作为信号输出端。在耦合端面 1 处,端面后端总的输入阻抗为

$$Z_{in} = \frac{1}{n_1^2} \frac{\dfrac{R_s}{1 + j2Q_0\delta} \cdot n_2^2 Z_0}{\dfrac{R_s}{1 + j2Q_0\delta} + n_2^2 Z_0} \tag{4.92}$$

式中,谐振腔的阻抗用到了式(4.14),$\delta$ 为频率变化量。

　　进一步可以得到,在耦合端面 1 处的 $S_{11}$ 为

$$S_{11} = \frac{Z_{in} - Z_0}{Z_{in} + Z_0} = \frac{\beta_1 - \beta_2 - 1 - j2Q_0\delta}{\beta_1 + \beta_2 + 1 + j2Q_0\delta} \tag{4.93}$$

式中的化简过程,使用了式(2.23)。

　　在耦合端面 1 处的电压 $V_1$,可以表示为

$$V_1 = V_1^+ + V_1^- = (1 + S_{11})V_1^+ \tag{4.94}$$

　　由于,通常情况下端口 2 处相当于端接匹配负载。所以,在耦合端面 2 处的电压 $V_2$,可以表示为

$$V_2 = V_2^- = \frac{n_1}{n_2} V_1 \tag{4.95}$$

　　进一步可以得到,在耦合端面 2 处的 $S_{21}$ 为

$$S_{21} = \frac{V_2^-}{V_1^+} = \frac{n_1}{n_2}(1 + S_{11}) = \sqrt{\frac{\beta_2}{\beta_1}}(1 + S_{11}) \tag{4.96}$$

　　将式(4.93)代入上式,可以得到

$$S_{21} = \frac{2\sqrt{\beta_1\beta_2}}{\beta_1 + \beta_2 + 1 + j2Q_0\delta} \tag{4.97}$$

系统的有载品质因数 $Q_L$ 和 $Q_0$ 的关系为

$$Q_L = \frac{Q_0}{\beta_1 + \beta_2 + 1} \tag{4.98}$$

将式(4.98)代入式(4.97),可以得到

$$S_{21} = \frac{2\sqrt{\beta_1 \beta_2}}{\beta_1 + \beta_2 + 1} \cdot \frac{1}{1 + j2Q_L\delta} \tag{4.99}$$

进一步计算 $S_{21}$ 的相位,可以得到

$$Ang(S_{21}) = -\arctan(2Q_L\delta) \tag{4.100}$$

观察图 4.60 所示的等效电路,整个双端口系统的阻抗 $Z_L$ 为

$$Z_L \approx \frac{R_L}{1 + j2Q_L\delta} = \frac{R_s}{\beta_1 + \beta_2 + 1} \cdot \frac{1}{1 + j2Q_L\delta} \tag{4.101}$$

对比式(4.99)和式(4.101),可以发现,$S_{21}$ 和 $Z_L$ 的相位相等。如果定义系统负载 $Z_L$ 的相位为系统失谐角 $\Psi_L$,那么可以得到如下关系:

$$\Psi_L = Ang(Z_L) = Ang(S_{21}) = -\arctan(2Q_L\delta) \tag{4.102}$$

这表明,只要测量双端口耦合系统 $S_{21}$ 的相位,即可以获得系统失谐角 $\Psi_L$,进一步就可以计算出谐振腔的频率变化量 $\delta$。至此,我们便形成了一套方便的测量频率变化量的方法。

## 2. 电路仿真

我们可以通过对等效电路的仿真,对上述测量方法加以验证。在 CST Design Studio 中建立的等效电路仿真模型如图 4.61 所示。在图 4.61 的仿真模型中,端口 1 的位置对应于图 4.60 的电路模型中的耦合端面 1,而端口 2 的位置对应于电路模型中的耦合端面 2。仿真模型中使用的参数在表 4.12 中列出。

表 4.12　谐振腔双端口耦合等效电路模型参数

| 谐振腔参数 | 数值 | 耦合参数 | 数值 |
| --- | --- | --- | --- |
| $f_0$ | 500 MHz | $Z_0$ | 50 Ω |
| $Q_0$ | $4.0468 \times 10^4$ | $\beta_1$ | 21.3988 |
| $C$ | 1.5787 pf | $n_1$ | 87.3278 |
| $L$ | 64.1803 nH | $\beta_2$ | 0.0500 |
| $R_s$ | $8.1595 \times 10^6$ Ω | $n_2$ | 1806.5990 |
| | | $Q_L$ | $1.8027 \times 10^3$ |

根据式(4.20)的定义,频率的变化量 $\delta$ 表示为

$$\delta = \frac{\omega - \omega_0}{\omega_0} = \frac{f - f_0}{f_0} \tag{4.103}$$

式中,$f$ 代表谐振腔中的信号频率,$f_0$ 则代表谐振腔的谐振频率。

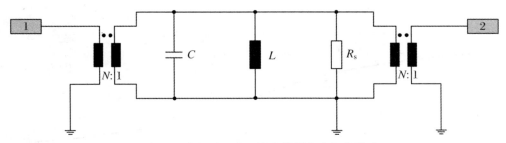

**图 4.61　谐振腔双端口耦合等效电路仿真模型**

需要注意的是,在实际工作中,馈入腔中的信号频率 $f$ 始终不变,失谐过程改变的是谐振腔的谐振频率 $f_0$。为了描述实际的失谐过程,可以定义谐振频率 $f_0$ 相对于信号频率 $f$ 的改变量为 $\delta_0$,其表达式为

$$\delta_0 = \frac{\omega_0 - \omega}{\omega_0} = \frac{f_0 - f}{f_0} = - \delta \tag{4.104}$$

将式(4.104)代入式(4.102),可以得到

$$\Psi_L = Ang(S_{21}) = \arctan(2Q_L\delta_0) \tag{4.105}$$

我们设定,腔中的信号频率 $f$ 始终等于调谐时(即 $\delta_0 = 0$ 时)谐振腔的频率 500 MHz。在 $\delta_0 = 0$ 时,等效电路 $S$ 参数的仿真结果如图 4.62 和图 4.63 所示。从结果中可以看出,此时谐振腔的谐振频率为 500 MHz,$S_{21}$ 的相位为 $0°$。

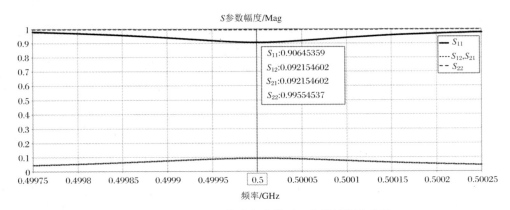

**图 4.62　$\delta_0 = 0$ 时,等效电路模型 $S$ 参数的幅度曲线**

改变谐振腔的频率,当 $\delta_0 = 0.0002$ 时,$S_{21}$ 的仿真结果如图 4.64 和图 4.65 所示。从图中可以看出,此时的谐振频率变为 500.1 MHz,$S_{21}$ 的相位变为 $35.7917°$。

为了直观反映 $\delta_0$ 与 $\Psi_L$ 的关系,可以对 $\delta_0$ 进行参数扫描,使 $\delta_0$ 以 $1 \times 10^{-5}$ 的步长从 0 变化到 $2 \times 10^{-4}$。$\Psi_L$-$\delta_0$ 关系曲线的仿真结果如图 4.66 所示,在图中同时也绘制了理论计算结果,便于进行对比。可以看出,仿真计算的结果与理论计算的结果一致。

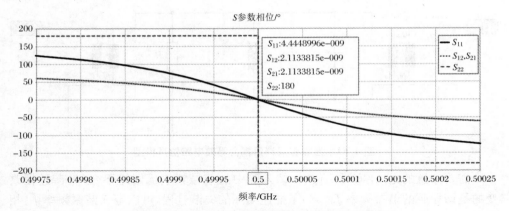

**图 4.63**　$\delta_0 = 0$ 时，等效电路模型 $S$ 参数的相位曲线

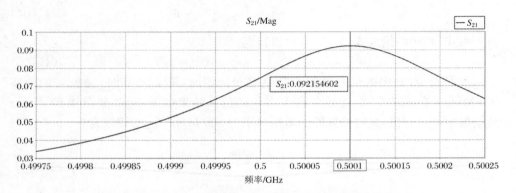

**图 4.64**　$\delta_0 = 0.0002$ 时，等效电路模型 $S_{21}$ 的幅度曲线

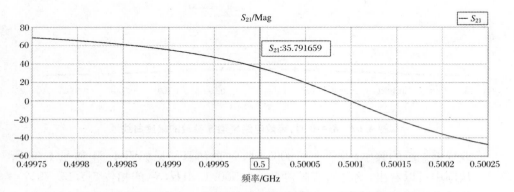

**图 4.65**　$\delta_0 = 0.0002$ 时，等效电路模型 $S_{21}$ 的相位曲线

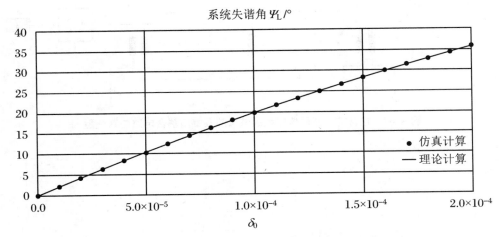

系统失谐角 $\mathit{\Psi}_L/°$

**图 4.66  $\mathit{\Psi}_L$-$\delta_0$ 关系曲线的仿真计算结果与理论计算结果**

在实际的系统中,在两个耦合端面以外,需要有传输线或电缆用来传输信号,才能完成测试。如图 4.60 所示,在端口 1 和端口 2 实际测量的 $S_{21\_measure}$,包含了前后两段传输线的影响。传输线的影响主要是改变系统 $S$ 参数的相位,对于一个稳定系统,传输线的长度固定,所以在信号频率固定的情况下,由传输线导致的系统 $S_{21}$ 的相位变化量是固定的。可以设定,在端口 1 和端口 2 处测量的 $S_{21}$ 为 $S_{21\_measure}$,其与耦合端面处测量的 $S_{21}$ 的关系为

$$Ang(S_{21\_measure}) = Ang(S_{21}) + Ang(line) \tag{4.106}$$

式中,$Ang(line)$ 表示传输线引起的相位变化。

进一步可以得到

$$\mathit{\Psi}_L = Ang(S_{21\_measure}) - Ang(line) \tag{4.107}$$

当 $\delta_0 = 0$ 时,根据前面的计算有 $\mathit{\Psi}_L = 0$。如果定义此时的 $S_{21\_measure}$ 为 $S_{21\_measure0}$,根据式(4.107)可以得到

$$Ang(line) = Ang(S_{21\_measure0}) \tag{4.108}$$

进一步利用式(4.107),就可以得到

$$\mathit{\Psi}_L = Ang(S_{21\_measure}) - Ang(S_{21\_measure0}) \tag{4.109}$$

至此,在实际工作中,系统失谐角就可以通过在端口 1 和端口 2 处 $S_{21}$ 的测试值计算得到。

在图 4.61 的仿真模型基础上,在输入耦合变压器的前端和输出耦合变压器的后端,分别增加两段传输线,就得到了与实际测试相对应的仿真模型,如图 4.67 所示。模型中,两段传输线的长度可以任意选取。

当 $\delta_0 = 0$ 时,$S_{21\_measure}$ 的仿真结果如图 4.68 和图 4.69 所示。可以看出腔的谐振频率仍为 500 MHz,而此时的 $Ang(S_{21\_measure0}) = -102.0706°$。

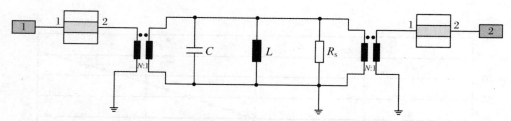

**图 4.67  包含前后两段传输线的谐振腔双端口耦合电路仿真模型**

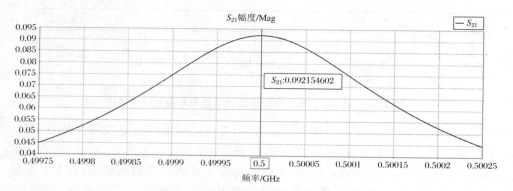

**图 4.68  $\delta_0 = 0$ 时，$S_{21\_measure}$ 的幅度曲线**

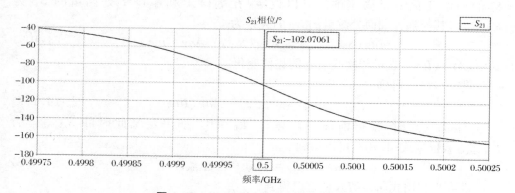

**图 4.69  $\delta_0 = 0$ 时，$S_{21\_measure}$ 的相位曲线**

在此模型中，仍对 $\delta_0$ 进行参数扫描，使 $\delta_0$ 以 $1 \times 10^{-5}$ 的步长从 0 变化到 $2 \times 10^{-4}$。计算得到的 $Ang(S_{21\_measure})$-$\delta_0$ 曲线，如图 4.70 所示。将 $Ang(S_{21\_measure})$ 和 $Ang(S_{21\_measure0})$ 的计算结果，代入式（4.109），可以计算得到 $\Psi_L$-$\delta_0$ 曲线，如图 4.71 所示。可以看出，实际模型仿真计算的结果与理论计算的结果一致。

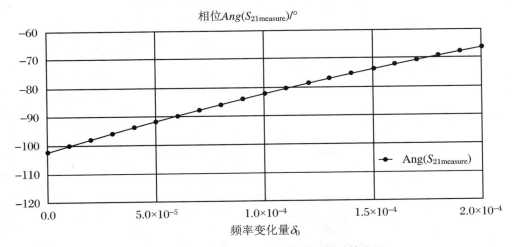

图 4.70 $Ang(S_{21\_measure})$-$\delta_0$ 曲线的仿真计算结果

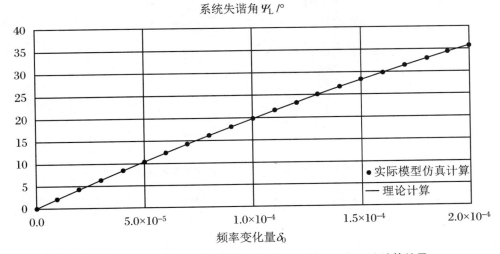

图 4.71 $\Psi_L$-$\delta_0$ 关系曲线的实际模型仿真计算结果与理论计算结果

## 3. 三维仿真

谐振腔双端口耦合的三维模型如图 4.72 所示,三维模型模拟了实际工作状态。耦合端口 1 耦合较强,用于给谐振腔中馈入功率。耦合端口 2 耦合较弱,用于提取腔中的信号进行分析。耦合端口 1 和耦合端口 2 的长度代表了用于测试的传输线的长度,模型中它们的长度可以任意选取。调谐块用来改变谐振腔的谐振频率。模型所使用的参数在表 4.13 中列出。

表 4.13   谐振腔双端口耦合三维仿真模型参数

| 谐振腔参数 | 数值 | 耦合参数 | 数值 |
|---|---|---|---|
| $f_0$ | 500 MHz | $\beta_1$ | 21.3988 |
| $Q_0$ | $4.1059 \times 10^4$ | $Q_{e1}$ | $1.9188 \times 10^3$ |
|  |  | $\beta_2$ | 0.0500 |
|  |  | $Q_{e2}$ | $8.2118 \times 10^5$ |
|  |  | $Q_L$ | $1.8290 \times 10^3$ |

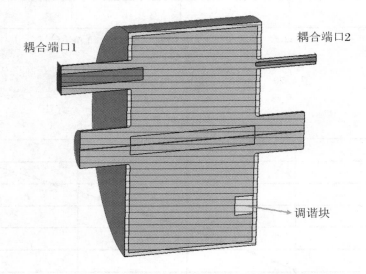

图 4.72   谐振腔双端口耦合的三维仿真模型

调节调谐块的大小，使腔的谐振频率为 500 MHz，即 $\delta_0 = 0$。此时，$S_{21}$ 的仿真结果如图 4.73 和图 4.74 所示。可以看出，此时的 $Ang(S_{21\_measure0}) = -173.6504°$。

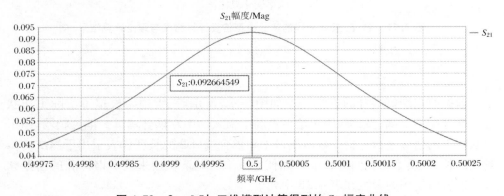

图 4.73   $\delta_0 = 0$ 时，三维模型计算得到的 $S_{21}$ 幅度曲线

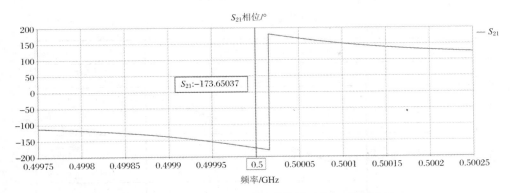

**图 4.74** $\delta_0 = 0$ 时，三维模型计算得到的 $S_{21}$ 相位曲线

在模型中，对 $\delta_0$ 进行参数扫描，使 $\delta_0$ 以 $1 \times 10^{-5}$ 的步长从 0 变化到 $2 \times 10^{-4}$。计算得到的 $Ang(S_{21\_measure})$-$\delta_0$ 曲线，如图 4.75 所示。进一步可以计算得到的 $\Psi_L$-$\delta_0$ 曲线，如图 4.76 所示。可以看出，三维模型仿真计算的结果与理论计算的结果一致。

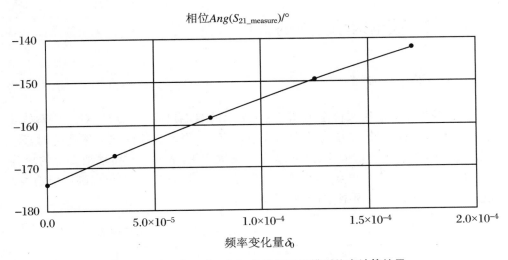

**图 4.75** $Ang(S_{21\_measure})$-$\delta_0$ 曲线的三维模型仿真计算结果

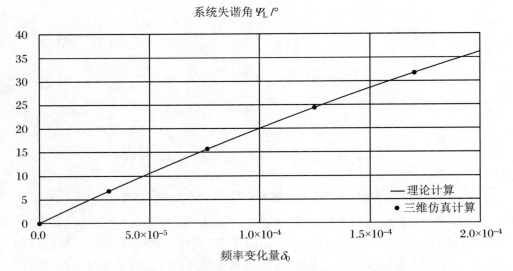

图 4.76 $\Psi_L$-$\delta_0$ 曲线的三维模型仿真计算结果与理论计算结果

## 4.5.2 失谐对场分布的影响

### 1. $\delta_0$ 与场分布

本节我们考虑的模型仍是如图 4.60 所示的双端口耦合系统。对于传输线 1 而言,在耦合端面 1 处,系统有一个输入阻抗 $Z_{in}$。当系统的谐振频率变化时,$Z_{in}$ 也随之变化,进而耦合端面 1 处的 $S_{11}$ 也会发生变化,从而导致传输线 1 上的场分布产生变化。由于本节重点关注的是传输线 1 上的场分布,我们可以画出传输线 1 端接负载 $Z_{in}$ 的传输线模型,如图 4.77 所示。

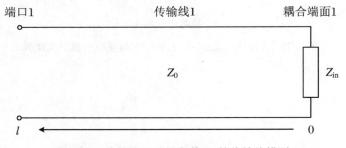

图 4.77 传输线 1 端接负载 $Z_{in}$ 的传输线模型

在耦合端面 1 的电压仍沿用 4.5.1 节中的定义,即入射电压为 $V_1^+$,反射电压为 $V_1^-$,总电压为 $V_1$。在传输线上的电压可以表示为

$$V(l) = V_1^+ e^{j\beta l} + V_1^- e^{-j\beta l} = V_1^+ e^{j\beta l}(1 + \Gamma_1 e^{-j2\beta l}) \tag{4.110}$$

式中，$\Gamma_1$ 为耦合端面 1 处的反射系数，即耦合端面 1 处的 $S_{11}$。

进一步可以得到，传输线上电压幅值的分布为

$$|V(l)| = |V_1^+||1 + \Gamma_1 e^{-j2\beta l}| \tag{4.111}$$

将式(4.93)代入式(4.111)，可以得到

$$|V(l)| = |V_1^+|\left|1 + \frac{\beta_1 - \beta_2 - 1 - j2Q_0\delta}{\beta_1 + \beta_2 + 1 + j2Q_0\delta}e^{-j2\beta l}\right| \tag{4.112}$$

将 $|V(l)|$ 对 $|V_1^+|$ 归一化，可得

$$\frac{|V(l)|}{|V_1^+|} = \left|1 + \frac{\beta_1 - \beta_2 - 1 - j2Q_0\delta}{\beta_1 + \beta_2 + 1 + j2Q_0\delta}e^{-j2\beta l}\right| \tag{4.113}$$

由于 $\delta$ 代表的是腔中信号相对于谐振频率的偏移量，需要将 $\delta$ 替换为腔的谐振频率变化量 $\delta_0$，利用式(4.104)，可以将式(4.113)改写为

$$\frac{|V(l)|}{|V_1^+|} = \left|1 + \frac{\beta_1 - \beta_2 - 1 + j2Q_0\delta_0}{\beta_1 + \beta_2 + 1 - j2Q_0\delta_0}e^{-j2\beta l}\right| \tag{4.114}$$

从上面的分析可以看出，耦合端面 1 处的 $\Gamma_1$ 直接影响了传输线中的电压幅值分布。我们可以首先分析一下 $\Gamma_1$ 随 $\delta_0$ 的变化情况。在分析过程中，仍使用图 4.61 所示的电路仿真模型，以及表 4.12 列出的电路参数。使 $\delta_0$ 以 $1\times10^{-4}$ 的步长从 0 变化到 $5\times10^{-4}$，$\Gamma_1$ 的变化情况如图 4.78 所示。可以看出，随着 $\delta_0$ 的增大，$\Gamma_1$ 的幅值逐渐增大，并且 $\Gamma_1$ 的相位也随之增大。$\Gamma_1$ 的幅值增大，将导致传输线上电压的峰值增强；$\Gamma_1$ 的相位增大，将导致传输线上电压峰值的位置发生变化。

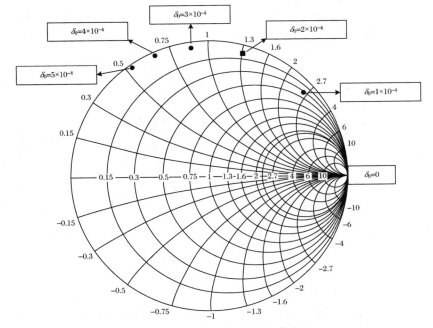

**图 4.78 $\Gamma_1$ 随 $\delta_0$ 变化的仿真结果**

利用式(4.113)和表 4.12 中的电路参数,可以绘制不同 $\delta_0$ 下电压幅值沿传输线的分布曲线,如图 4.79 所示。从图中可以看出,随着 $\delta_0$ 的增大,传输线上电场峰值增大,电场的波节点和波腹点的位置向端口 1 移动。

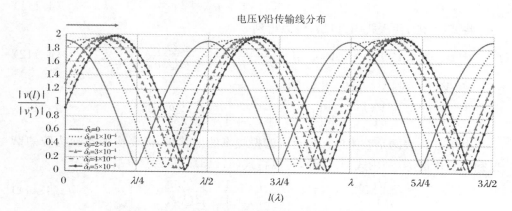

**图 4.79　不同 $\delta_0$ 下电压幅值沿传输线的分布曲线**

观察式(4.111),可以通过 Smith 圆图求解电压波腹点和波节点的位置,求解过程如图 4.80 所示。首先,在阻抗圆图中画出 $\Gamma_1$ 对应的位置,标记为点 1。围绕圆心,过点 1 画一个圆,将其命名为圆 1,圆 1 就代表了曲线 $\Gamma_1 e^{-j2\beta l}$。将圆 1 沿着

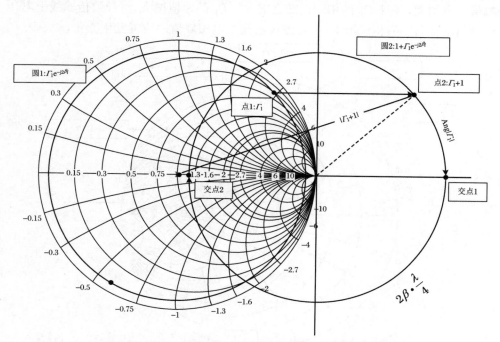

**图 4.80　在 Smith 圆图中,求解电压波腹点和波节点的位置**

实轴的正方向平移 1 的距离,得到圆 2,圆 2 就代表了 $1 + \Gamma_1 e^{-j2\beta l}$ 曲线。同时,随着圆的平移,点 1 也平移到了点 2 的位置。点 2 到阻抗圆图中心的距离,就代表了 $|1 + \Gamma_1|$ 的大小。将点 2 沿着圆 2 顺时针旋转,圆 2 上每个点到阻抗圆图中心的距离,就代表了 $|1 + \Gamma_1 e^{-j2\beta l}|$ 的大小。

当点 2 沿着圆 2 顺时针旋转到交点 1 处,此时 $|1 + \Gamma_1 e^{-j2\beta l}|$ 达到了最大值,这对应于电压波腹点的位置,此时旋转的角度满足

$$2\beta l_{\max} = Ang(\Gamma_1) \tag{4.115}$$

当点 2 继续顺时针旋转,旋转到交点 2 的位置,此时 $|1 + \Gamma_1 e^{-j2\beta l}|$ 达到了最小值,这对应于电压波节点的位置,此时旋转的角度满足

$$2\beta l_{\min} = Ang(\Gamma_1) + \pi \tag{4.116}$$

为了确定 $l_{\max}$ 和 $l_{\min}$ 的值,需要计算 $\Gamma_1$ 的相位,根据 $\Gamma_1$ 的表达式可以求得

$$Ang(\Gamma_1) = Ang(\beta_1 - \beta_2 - 1 + j2Q_0\delta_0) - Ang(\beta_1 + \beta_2 + 1 - j2Q_0\delta_0)$$

$$= \arctan\left(\frac{2Q_0\delta_0}{\beta_1 - \beta_2 - 1}\right) + \arctan\left(\frac{2Q_0\delta_0}{\beta_1 + \beta_2 + 1}\right) \tag{4.117}$$

由于点 2 围沿着圆 2 的旋转是以 $l = \dfrac{\lambda}{2}$ 为周期,所以 $l_{\max}$ 和 $l_{\min}$ 的取值也以 $l = \dfrac{\lambda}{2}$ 为周期。同时,将式(4.117)代入式(4.115)和式(4.116),就可以得到电压波腹点和波节点的位置为

$$l_{\max} = \frac{\lambda}{4\pi}\left[\arctan\left(\frac{2Q_0\delta_0}{\beta_1 - \beta_2 - 1}\right) + \arctan\left(\frac{2Q_0\delta_0}{\beta_1 + \beta_2 + 1}\right)\right] + n\frac{\lambda}{2}$$
$$(n = 1, 2, 3, \cdots)$$

$$l_{\min} = \frac{\lambda}{4\pi}\left[\arctan\left(\frac{2Q_0\delta_0}{\beta_1 - \beta_2 - 1}\right) + \arctan\left(\frac{2Q_0\delta_0}{\beta_1 + \beta_2 + 1}\right)\right] + \frac{\lambda}{4} + n\frac{\lambda}{2}$$
$$(n = 1, 2, 3, \cdots) \tag{4.118}$$

当 $\delta_0 = 5 \times 10^{-4}$ 时,利用表 4.12 中的电路参数和式(4.118),可以计算出电压的第一个波腹点和第一个波节点的位置为

$$l_{\max 1} = 103.5005 = 0.1726\lambda$$
$$l_{\min 1} = 253.3968 = 0.4226\lambda \tag{4.119}$$

将计算得到的波腹点和波节点位置,画在如图 4.79 所示的电压分布曲线中,如图 4.81 所示。为了对比方便,图中只画出了 $\delta_0 = 5 \times 10^{-4}$ 对应的电压分布曲线。可以看出理论计算的波腹点和波节点位置,刚好与电压分布曲线中的波腹和波节的位置重合。

## 2. $\Psi_L$ 与波腹位置

由于电压波节点的位置与波腹点的位置相差 $\dfrac{\lambda}{4}$,所以通过波腹点位置 $l_{\max}$ 的

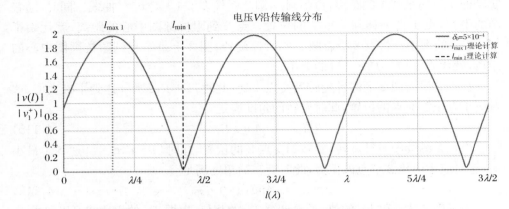

**图 4.81** $\delta_0 = 5 \times 10^{-4}$ 时，电压波腹点和波节点位置的理论计算结果

变化，就可以描述不同 $\delta_0$ 下电压波形在传输线中的位移情况。在 4.5.1 节中已经提到，在实际工作中 $\delta_0$ 不可以直接测量，与 $\delta_0$ 相对应的系统失谐角 $\Psi_L$ 可以直接测量。所以，建立 $\Psi_L$ 与 $l_{\max}$ 的关系，才对实际的系统运行具有指导意义。

我们选取第一波腹点 $l_{\max 1}$ 作为一系列 $l_{\max}$ 的代表，结合式（4.105）和式（4.118），可以得到

$$\Psi_L = \arctan\left(\frac{2Q_0\delta_0}{\beta_1 + \beta_2 + 1}\right)$$

$$l_{\max 1} = \frac{\lambda}{4\pi}\left[\arctan\left(\frac{2Q_0\delta_0}{\beta_1 - \beta_2 - 1}\right) + \arctan\left(\frac{2Q_0\delta_0}{\beta_1 + \beta_2 + 1}\right)\right] \qquad (4.120)$$

观察上式，可以发现 $\delta_0$ 是建立 $\Psi_L$ 与 $l_{\max 1}$ 联系的纽带。仍选取表 4.12 中的电路参数，改变不同的 $\delta_0$，可以绘制出 $\Psi_L$ 与 $l_{\max 1}$ 的关系图，如图 4.82 所示。当测量得到系统失谐角 $\Psi_L$ 后，可以找到谐振腔对应的频率变化量 $\delta_0$，进一步可以找到对应的 $l_{\max 1}$ 值。

在上面的论述中，之所以要使用 $\delta_0$ 作为中间读取量，是因为在实际的运行中，我们通常也比较关心谐振腔的频率变化量。当然，为了显示得更加直观，我们也可以直接绘制 $\Psi_L$-$l_{\max 1}$ 的关系曲线，如图 4.83 所示。

## 3. 三维仿真

此处使用的三维模型与图 4.72 基本一致，为了便于观察端口 1 段的传输线中的场分布，在原模型的基础上，将端口 1 的传输线进行了延长，如图 4.84 所示。在端口 1 的传输线上设置了一条电场分布线，用于画出电场幅值沿此线的分布。

通过调谐块改变谐振频率，在不同 $\delta_0$ 下，计算得到的电场幅值沿传输线的分布如图 4.85 所示。

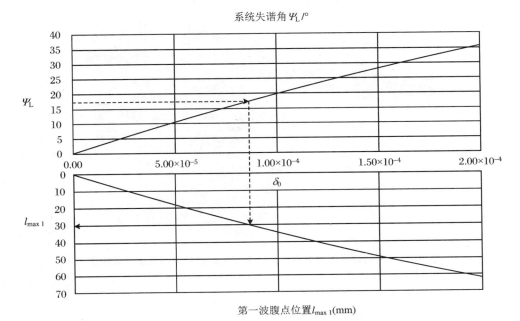

图 4.82　$\Psi_L$ 与 $l_{max\,1}$ 的关系图

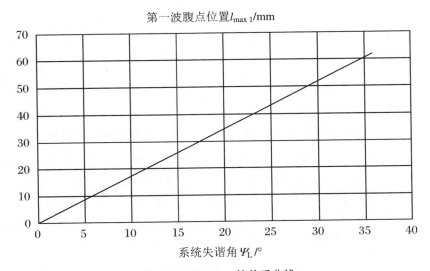

图 4.83　$\Psi_L$-$l_{max\,1}$ 的关系曲线

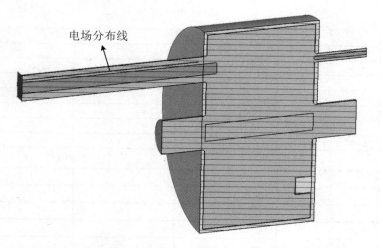

**图 4.84 将端口 1 传输线延长的谐振腔双端口耦合的三维仿真模型**

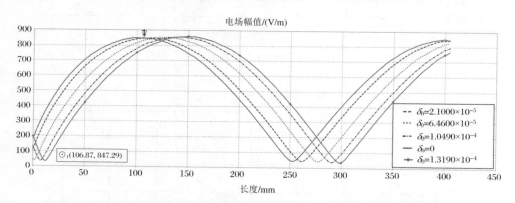

**图 4.85 在不同 $\delta_0$ 下,三维仿真得到的电场幅值沿传输线的分布**

在 $\delta_0 = 0$ 时,选取电场分布线上的第一个波腹点,标记此点为点 1,记录此时的 $l_{max\,1}$ 为 0。对于其余曲线,测量曲线上第一个波腹点距离点 1 的相对位置,即可得到此曲线上的 $l_{max\,1}$ 值。至于不同 $\delta_0$ 下,系统失谐角 $\Psi_L$ 仍可以使用 4.5.1 节中介绍的方法计算。于是,我们可以绘制由仿真计算得到的 $\Psi_L$-$l_{max\,1}$ 曲线,如图 4.86 所示。可以看出,三维仿真的计算结果与理论计算结果基本一致。

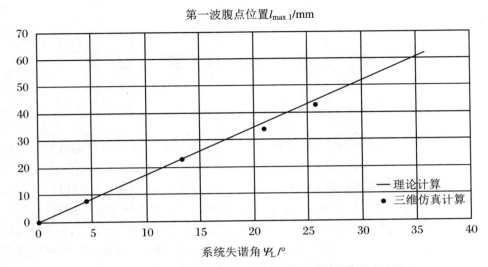

图 4.86　$\Psi_L$-$l_{max\,1}$ 曲线的三维仿真计算结果与理论计算结果

# 第5章 微波器件

在高频系统中，需要使用各种微波器件，经常使用而又比较重要的微波器件包括功率分配器、定向器件和环形器。

功率分配器用来进行微波功率的分配与合成，是多端口器件，它可以将一路微波信号分成多路，也可以将多路微波信号合成一路。电阻型功分器结构简单，工作带宽大，各端口均可以匹配，但有一定损耗。在进行高功率运行时，需要使用大功率传输线型功分器。由于需要控制端口间的功率分配，基于传输线模型，可以使用Smith圆图进行阻抗变换设计。

微波定向器件可以分别提取传输线中的入射功率和反射功率。定向耦合器是4端口器件，既可以定向提取入射功率，也可以定向提取反射功率，耦合度和隔离度是它的关键指标。方向性电桥是3端口器件，只能定向提取反射功率，但是它具有很大的工作带宽，常用在微波测量电路中。分析方向性电桥的正向传输特性和反向传输特性，对熟练使用等效电路模型很有帮助。

环形器是方向性器件，功率在环形器的3个端口之间只能单向传输。环形器的单向传输，是基于铁氧体材料在偏置磁场中的旋磁特性。理解旋磁铁氧体在偏置磁场中张量磁导率的产生机理，是熟悉和使用环形器过程中的重点和难点。

## 5.1 功率分配器

功率分配器(简称功分器)的主要作用是进行微波功率的分配与合成。功率分配器通常为 $n$ 个端口元件，并且端口 1 会设计成阻抗匹配，那么其 $S$ 参数可以表示为

$$
|\boldsymbol{S}| = \begin{bmatrix} 0 & S_{12} & \cdots & S_{1n} \\ S_{21} & S_{22} & \cdots & S_{2n} \\ \vdots & \vdots & & \vdots \\ S_{n1} & S_{n2} & \cdots & S_{nn} \end{bmatrix} \tag{5.1}
$$

当功分器用作功率分配时，通常端口 1 作为功率输入，其余的 $n-1$ 个端口作为功率输出，如果端口 1 的入射波电压为 $V$，那么各端口的电压关系可以表示为

$$
\begin{bmatrix} b_1 \\ b_2 \\ \vdots \\ b_n \end{bmatrix} = \begin{bmatrix} 0 & S_{12} & \cdots & S_{1n} \\ S_{21} & S_{22} & \cdots & S_{2n} \\ \vdots & \vdots & & \vdots \\ S_{n1} & S_{n2} & \cdots & S_{nn} \end{bmatrix} \cdot \begin{bmatrix} V \\ 0 \\ \vdots \\ 0 \end{bmatrix} \tag{5.2}
$$

进一步可以计算出,此时各端口的出射波电压为

$$
\begin{bmatrix} b_1 \\ b_2 \\ \vdots \\ b_n \end{bmatrix} = \begin{bmatrix} 0 \\ S_{21} V \\ \vdots \\ S_{n1} V \end{bmatrix} \tag{5.3}
$$

当功分器用作功率合成时,通常端口 1 作为功率输出,其余的 $n-1$ 个端口作为功率输入,如果输入端口的入射波电压定义为

$$
\begin{bmatrix} b_1 \\ b_2 \\ \vdots \\ b_n \end{bmatrix} = \begin{bmatrix} 0 \\ S_{21}^* V \\ \vdots \\ S_{n1}^* V \end{bmatrix} \tag{5.4}
$$

那么各端口的电压关系可以表示为

$$
\begin{bmatrix} b_1 \\ b_2 \\ \vdots \\ b_n \end{bmatrix} = \begin{bmatrix} 0 & S_{12} & \cdots & S_{1n} \\ S_{21} & S_{22} & \cdots & S_{2n} \\ \vdots & \vdots & & \vdots \\ S_{n1} & S_{n2} & \cdots & S_{nn} \end{bmatrix} \cdot \begin{bmatrix} 0 \\ S_{21}^* V \\ \vdots \\ S_{n1}^* V \end{bmatrix} \tag{5.5}
$$

进一步可以计算出,此时各端口的出射波电压为

$$
\begin{bmatrix} b_1 \\ b_2 \\ \vdots \\ b_n \end{bmatrix} = \begin{bmatrix} S_{12} \cdot S_{21}^* V + S_{13} \cdot S_{31}^* V + \cdots + S_{1n} \cdot S_{n1}^* V \\ S_{22} \cdot S_{21}^* V + S_{23} \cdot S_{31}^* V + \cdots + S_{2n} \cdot S_{n1}^* V \\ \vdots \\ S_{n2} \cdot S_{21}^* V + S_{n3} \cdot S_{31}^* V + \cdots + S_{nn} \cdot S_{n1}^* V \end{bmatrix} \tag{5.6}
$$

如果功分器是互易网络,那么有

$$
S_{ij} = S_{ji} \quad (i \neq j) \tag{5.7}
$$

利用式(5.7),式(5.6)可以化简为

$$
\begin{bmatrix} b_1 \\ b_2 \\ \vdots \\ b_n \end{bmatrix} = \begin{bmatrix} |S_{21}|^2 V + |S_{31}|^2 V + \cdots + |S_{n1}|^2 V \\ S_{22} \cdot S_{21}^* V + S_{32} \cdot S_{31}^* V + \cdots + S_{n2} \cdot S_{n1}^* V \\ \vdots \\ S_{2n} \cdot S_{21}^* V + S_{3n} \cdot S_{31}^* V + \cdots + S_{nn} \cdot S_{n1}^* V \end{bmatrix} \tag{5.8}
$$

如果功分器也是无耗网络,那么功分器的 $S$ 参数是幺正矩阵,则有

$$
|S|^\mathrm{T} |S|^* = |U| \tag{5.9}
$$

利用 $S$ 参数的幺正性,可以得到

$$|S_{21}|^2 + |S_{31}|^2 + \cdots + |S_{n1}|^2 = 1$$

$$S_{22} \cdot S_{21}^* + S_{32} \cdot S_{31}^* + \cdots + S_{n2} \cdot S_{n1}^* = 0$$

$$\vdots$$

$$S_{2n} \cdot S_{21}^* + S_{3n} \cdot S_{31}^* + \cdots + S_{nn} \cdot S_{n1}^* = 0$$

（5.10）

将式(5.10)代入式(5.8)，可以得到

$$\begin{bmatrix} b_1 \\ b_2 \\ \vdots \\ b_n \end{bmatrix} = \begin{bmatrix} V \\ 0 \\ \vdots \\ 0 \end{bmatrix}$$

（5.11）

上式表明，此时只有端口1的出射波电压为 $V$，其余端口无功率输出。

以上分析代表了功分器的一般情况。在实际使用中，通常需要实现功率的平均分配，那么就要求功分器的端口之间应满足

$$S_{21} = S_{31} = \cdots = S_{n1}$$

（5.12）

那么利用 $S$ 参数的幺正性，可以得到

$$|S_{21}| = |S_{31}| = \cdots = |S_{n1}| = \frac{1}{\sqrt{n-1}}$$

（5.13）

## 5.1.1　电阻型功分器

电阻型功分器是利用电阻实现功率分配，以一个 3 端口功分器为例，电阻型功分器的等效电路如图 5.1 所示。3 个电阻形成一个 $Y$ 形节，每个电阻都串联一个阻抗为 $Z_0$ 的传输线。通过调节电阻的大小，就可以调节功率的分配以及端口的匹配。

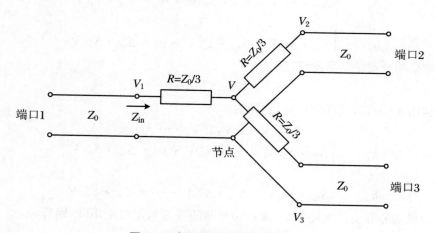

图 5.1　电阻型功分器的等效电路

假设 3 个电阻的阻值相等,且大小为 $R = Z_0/3$。在 $Y$ 形节的节点处,向着端口 2 看去的输入阻抗 $Z_{in2}$ 和向着端口 3 看去的输入阻抗 $Z_{in3}$ 相等,且可以表示为

$$Z_{in2} = Z_{in3} = \frac{1}{3}Z_0 + Z_0 = \frac{4}{3}Z_0 \tag{5.14}$$

在节点处端口 2 的支路和端口 3 的支路是并联结构,因此端口 1 支路的输入阻抗为

$$Z_{in} = \frac{4}{3}Z_0 \times \frac{1}{2} + \frac{1}{3}Z_0 = Z_0 \tag{5.15}$$

由此可见,端口 1 是匹配的。因为功分器的 3 个端口是对称的,所以端口 2 和端口 3 也是匹配的。其 $S$ 参数可以表示为

$$S_{11} = S_{22} = S_{33} = 0 \tag{5.16}$$

下面进一步分析各端口之间的电压关系。端口 1 的入射电压是 $V_1$,由于端口 1 匹配,在节点处的电压 $V$ 的大小为

$$V = \frac{\frac{2}{3}Z_0}{\frac{1}{3}Z_0 + \frac{2}{3}Z_0}V_1 = \frac{2}{3}V_1 \tag{5.17}$$

进一步地,端口 2 的输出电压 $V_2$ 和端口 3 的输出电压 $V_3$ 的大小为

$$V_2 = V_3 = \frac{Z_0}{\frac{1}{3}Z_0 + Z_0}V = \frac{1}{2}V_1 \tag{5.18}$$

由于 3 个端口对称,所以各端口之间的传输参数可以表示为

$$S_{21} = S_{31} = S_{32} = \frac{\frac{1}{2}V_1}{V_1} = \frac{1}{2} \tag{5.19}$$

利用网络的互异性,可以得到功分器的 $S$ 参数为

$$|\boldsymbol{S}| = \frac{1}{2}\begin{bmatrix} 0 & 1 & 1 \\ 1 & 0 & 1 \\ 1 & 1 & 0 \end{bmatrix} \tag{5.20}$$

电阻型功分器由于有功率损耗在电阻上,所以其 $S$ 参数不具有幺正性,但是它的各个端口都是匹配的。

在 CST Design Studio 中,可以建立电阻型功分器的电路仿真模型,如图 5.2 所示。在模型中,将传输线的阻抗 $Z_0$ 设置为 50 Ω。模型的仿真结果如图 5.3 所示,仿真结果与理论值一致。

## 5.1.2　传输线型功分器

在大功率微波系统中,通常会使用传输线型功分器。传输线型功分器的结构可以由大功率馈管构成,利用馈管间的阻抗变换实现功率分配的功能,增大馈管的

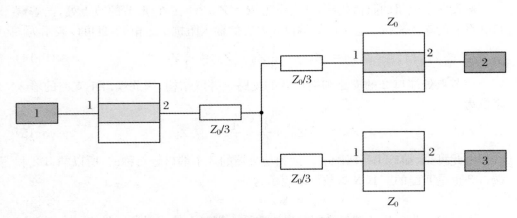

**图 5.2 电阻型功分器的电路仿真模型**

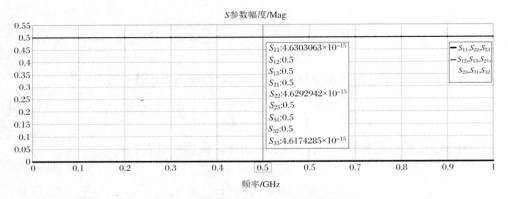

**图 5.3 电阻型功分器的 $S$ 参数仿真结果**

尺寸就可以提升功分器的功率容量。传输线型功分器可以有多种设计思路,本节将以一个 1.3 GHz 7 端口功分器为例,介绍传输线功分器的设计过程。

1.3 GHz 7 端口功分器的结构如图 5.4 所示,端口 1~端口 6 是同轴线接口,端口 7 是波导接口。从结构上看,整个功分器由两部分构成,一部分是 6 合 1 同轴型功分器,另一部分是波导同轴转换器。波导同轴转换器用于实现波导与同轴线之间的模式转换,6 合 1 同轴型功分器实现功率分配的作用。

在 Design Studio 中建立 6 合 1 同轴型功分器的传输线模型,如图 5.5 所示。在每一个节点处,都是一个传输线端口和一个负载电路的并联结构。对于并联电路,使用导纳更便于表述,在每一个节点处功率和电压的关系可以表示为

$$P = \frac{1}{2} V^2 G \tag{5.21}$$

式中,$G$ 为节点处的电导。

以节点 5 为例,传输线端口 5 的电导为 $G_{p5}$,负载电路 5 的电导为 $G_{in5}$,节点 5

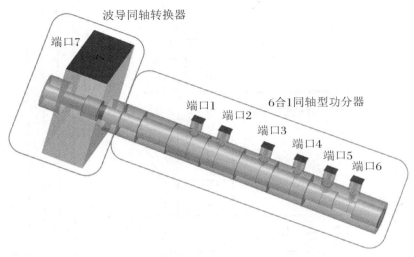

**图 5.4　1.3 GHz7 端口功分器的 RF 结构**

处的电压为 $V_5$。那么，端口 5 的输出功率 $P_{p5}$ 和负载电路 5 的输出功率 $P_{in5}$ 可以表示为

$$P_{p5} = \frac{1}{2} V_5^2 G_{p5}$$

$$P_{in5} = \frac{1}{2} V_5^2 G_{in5} \tag{5.22}$$

如果要使 $P_{p5}$ 和 $P_{in5}$ 相等，就要满足

$$G_{p5} = G_{in5} \tag{5.23}$$

由此可见，传输线功分器设计的核心思想在于进行阻抗变换。本节首先根据图 5.5 所示的传输线模型，讲解阻抗变换与电路中各部分参数的推演过程，然后再以此为基础讲解其对应的三维微波结构的实现过程。

### 1. 传输线模型

在图 5.5 的传输线模型中，有 6 个传输线端口，每个传输线端口都由一截 50 Ω 的传输线和一个匹配端口构成，计算其导纳的仿真模型如图 5.6 所示，计算结果如图 5.7 所示。可以看出，每个传输线端口的导纳与传输线的特性导纳一致，满足

$$G_{p1} = G_{p2} = G_{p3} = G_{p4} = G_{p5} = G_{p6} = Y_0 \tag{5.24}$$

其中，$Y_0 = 0.02(\text{S})$。

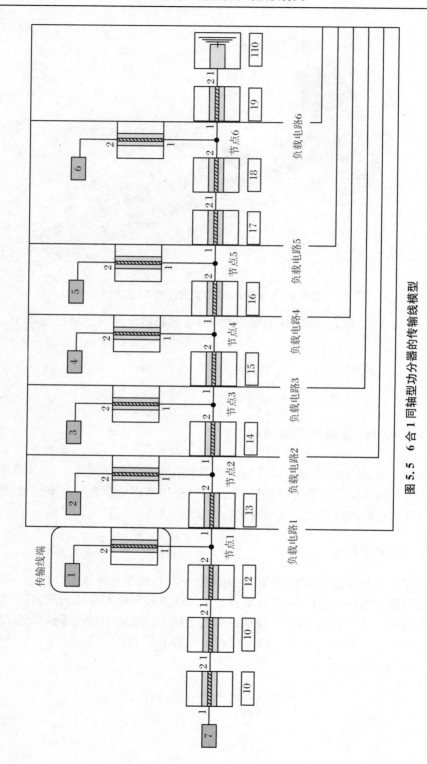

图 5.5 6 合 1 同轴型功分器的传输线模型

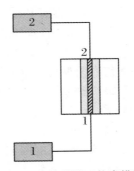

图 5.6　传输线端口仿真模型

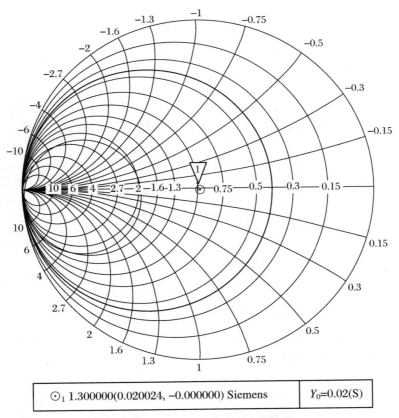

| $\odot_1$ 1.300000(0.020024, −0.000000) Siemens | $Y_0$=0.02(S) |
|---|---|

图 5.7　传输线端口导纳计算结果

在图 5.5 中,已经将传输线模型划分出 6 个负载电路,在阻抗变换的过程中,要从负载电路 6 开始进行逆序分析。负载电路 6 是一截短路线,在三维模型中起到支撑作用,电路中不包含传输线端口,电路的输入导纳没有电导分量,所以负载电路 6 不消耗功率。

负载电路 5 包含一个传输线端口 6,电路的输入导纳有电导分量,电路消耗的功率将从端口 6 输出。在节点 5 处,为了保证传输线端口 5 的输出功率与负载电路 5 消耗的功率相同,应满足式(5.23)。结合式(5.24),可以得到

$$G_{in5} = Y_0 = 0.02 \, (S) \tag{5.25}$$

计算负载电路 5 输入导纳的仿真模型如图 5.8 所示,经过优化设计,得到的输入导纳如图 5.9 所示,满足式(5.25)的要求。在传输线模型中,传输线使用的是同轴线模块,需要设定同轴线的外径与内径。在设计中,同轴线的外径统一使用 65 mm,所以只有内径作为优化参数。在模型中,统一使用 $D_{in}$ 表示同轴线的内径,使用 $l$ 表示同轴线的长度。模型 5.8 中使用的同轴线参数在表 5.1 中列出。

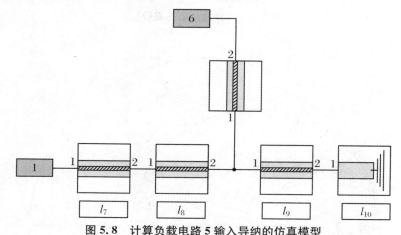

**图 5.8　计算负载电路 5 输入导纳的仿真模型**

**表 5.1　优化后负载电路 5 仿真模型的电路参数**

| 同轴线 | $l_7$ | $l_8$ | $l_9$ | $l_{10}$ |
|---|---|---|---|---|
| $D_{in}$/mm | 29 | 25 | 40 | — |
| $l$/mm | 40.5 | 30 | 10 | 52.5 |

在负载电路 4 中,包含两个传输线端口,电路消耗的功率将从端口 5 和端口 6 输出。所以,在节点 4 处,负载电路 4 消耗的功率应当是传输线端口 4 输出功率的 2 倍。所以,负载电路 4 的输入电导应满足

$$G_{in4} = 2Y_0 = 0.04 \, (S) \tag{5.26}$$

计算负载电路 4 输入导纳的仿真模型如图 5.10 所示,经过优化设计,得到的输入导纳如图 5.11 所示,满足式 5.26 的要求。模型 5.10 在模型 5.8 的基础上增加了同轴线 $l_6$,同轴线 $l_6$ 的参数在表 5.2 中列出。

**表 5.2　负载电路 4 仿真模型中增加的同轴线 $l_6$ 的参数**

| 同轴线 | $l_6$ |
|---|---|
| $D_{in}$/mm | 43.7 |
| $l$/mm | 70.6 |

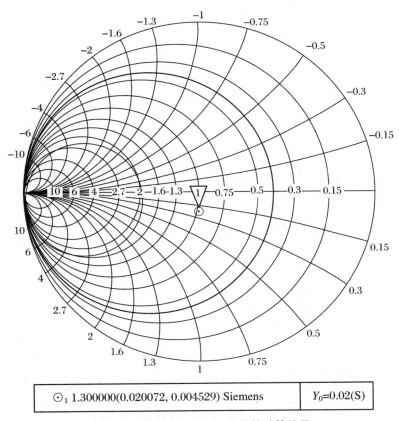

| $\odot_1$ 1.300000(0.020072, 0.004529) Siemens | $Y_0$=0.02(S) |

图 5.9　负载电路 5 输入导纳的计算结果

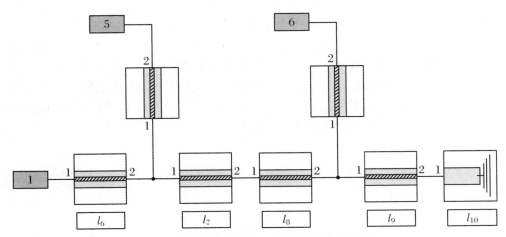

图 5.10　计算负载电路 4 输入导纳的仿真模型

基于以上的设计思路,负载电路 3,2,1 的输入电导应满足

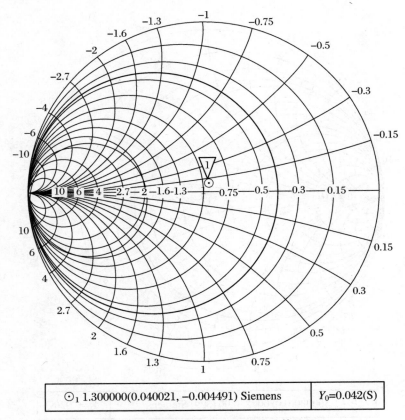

| $\odot_1$ 1.300000(0.040021, −0.004491) Siemens | $Y_0=0.042$(S) |

**图 5.11　负载电路 4 输入导纳的计算结果**

$$G_{in3} = 3Y_0 = 0.06\,(S)$$
$$G_{in2} = 4Y_0 = 0.08\,(S)$$
$$G_{in1} = 5Y_0 = 0.10\,(S) \tag{5.27}$$

　　由于与负载电路 4 的计算过程相似,本书不再详细介绍负载电路 3 和 2 的计算过程,此处只给出负载电路 1 的仿真模型如图 5.12 所示,负载电路 1 的输入导纳计算结果如图 5.13 所示。模型 5.12 在模型 5.10 的基础上增加了同轴线 $l_5$,$l_4$,$l_3$,同轴线 $l_5$,$l_4$,$l_3$ 的参数在表 5.3 中列出。

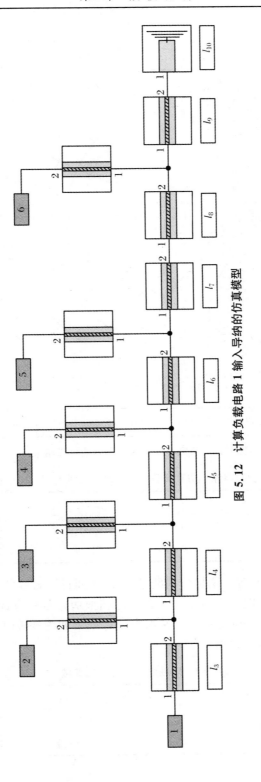

图 5.12　计算负载电路 1 输入导纳的仿真模型

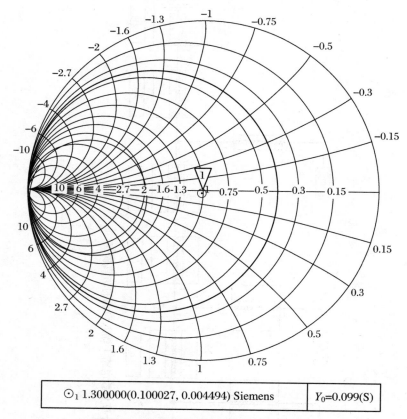

| $\odot_1$ 1.300000(0.100027, 0.004494) Siemens | $Y_0=0.099(\mathrm{S})$ |
|---|---|

**图 5.13　负载电路 1 输入导纳的计算结果**

**表 5.3　负载电路 1 仿真模型中增加的同轴线 $l_5, l_4, l_3$ 的参数**

| 同轴线 | $l_5$ | $l_4$ | $l_3$ |
|---|---|---|---|
| $D_{\mathrm{in}}/\mathrm{mm}$ | 49 | 53 | 54.9 |
| $l/\mathrm{mm}$ | 67.2 | 69.7 | 68.7 |

　　在负载电路 1 的基础上增加传输线端口 1,并通过同轴线 $l_2, l_1$ 和 $l_0$ 进行阻抗变换,就可以得到如图 5.5 所示的 6 合 1 同轴型功分器的仿真模型。经过优化设计后,6 合 1 功分器传输线模型的 $S$ 参数计算结果如图 5.14 所示。同轴线 $l_2$,$l_1, l_0$ 的参数在表 5.4 中列出。

**表 5.4　同轴线 $l_2, l_1, l_0$ 的参数**

| 同轴线 | $l_2$ | $l_1$ | $l_0$ |
|---|---|---|---|
| $D_{\mathrm{in}}/\mathrm{mm}$ | 52 | 41.2 | 28.5 |
| $l/\mathrm{mm}$ | 42 | 45.2 | 44.2 |

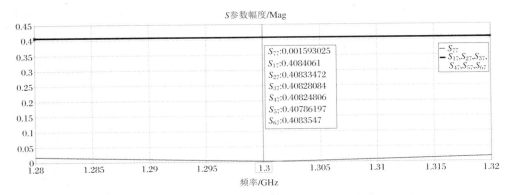

图 5.14  6 合 1 功分器传输线模型的 S 参数计算结果

在仿真模型中,端口 7 作为主输入端口,计算结果满足式(5.1)的要求

$$S_{77} \approx 0 \tag{5.28}$$

由于端口 1~端口 6 的功率平均分配,所以根据式(5.13)可以计算得到 $S_{17}$~ $S_{67}$ 的理论值为

$$|S_{17}| = |S_{27}| = |S_{37}| = |S_{47}| = |S_{57}| = |S_{67}| = \frac{1}{\sqrt{6}} = 0.4082 \tag{5.29}$$

从图 5.14 中可以看出,$S_{17}$~$S_{67}$ 幅值的仿真结果与理论值基本一致。

## 2. 三维模型

基于传输线模型的设计思路,功分器的三维模型仍采用分段设计的方法。在传输线模型中,每一节负载电路都有一个与之对应的三维结构。

与负载电路 5 相对应的三维结构 5,如图 5.15 所示。图中右侧的短路线在结构上起到支撑的作用,可以保证三维结构的稳定。三维结构 5 的仿真结果如图 5.16 所示,其输入导纳满足式(5.25)的要求。

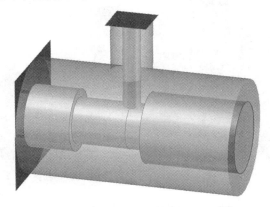

图 5.15  负载电路 5 对应的三维结构 5

与负载电路 4 相对应的三维结构 4,如图 5.17 所示。三维结构 4 的仿真结果如图 5.18 所示,其输入导纳满足式(5.26)的要求。

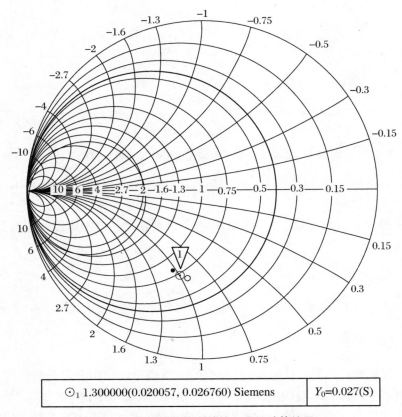

| $\odot_1$ 1.300000(0.020057, 0.026760) Siemens | $Y_0$=0.027(S) |

图 5.16　三维结构 5 的输入导纳计算结果

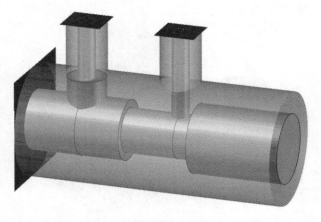

图 5.17　负载电路 4 对应的三维结构 4

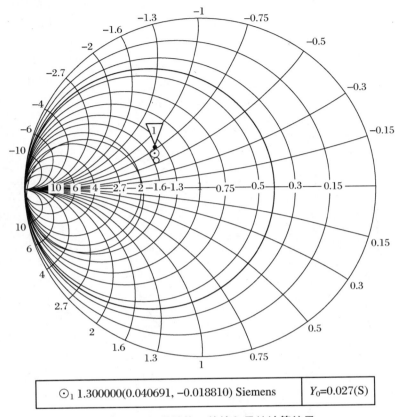

| ⊙₁ 1.300000(0.040691, −0.018810) Siemens | $Y_0$=0.027(S) |

**图 5.18　三维结构 4 的输入导纳计算结果**

　　负载电路 3 和 2 所对应的三维结构本书不再详细介绍,此处只给出负载电路 1 对应的三维结构 1,如图 5.19 所示。三维结构 1 的仿真结果如图 5.20 所示,其输入导纳满足式(5.27)的要求。

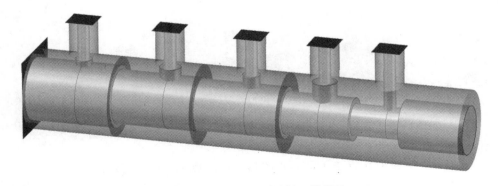

**图 5.19　负载电路 1 对应的三维结构 1**

　　图5.5所示的6合1同轴型功分器传输线模型所对应的三维结构如图5.21所示。6合1同轴型功分器三维结构的仿真结果如图5.22所示。$S$参数在1.3 GHz的计算结果与式(5.29)的理论值基本一致。

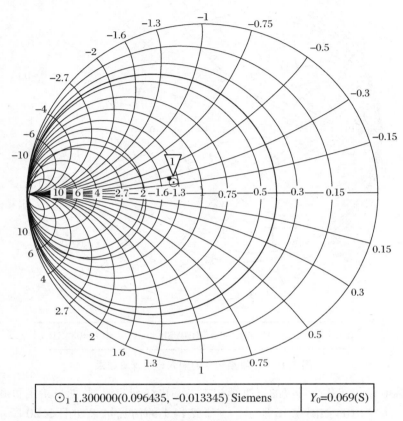

| $\odot_1$ 1.300000(0.096435, −0.013345) Siemens | $Y_0$=0.069(S) |

**图 5.20　三维结构 1 的输入导纳计算结果**

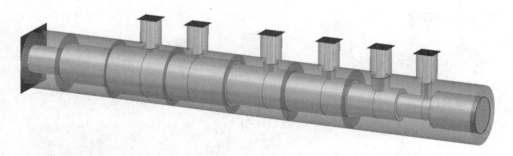

**图 5.21　6 合 1 同轴型功分器传输线模型对应的三维结构**

　　波导同轴转换器的三维结构如图5.23所示。将优化好的波导同轴转换三维模型与6合1同轴型功分器的三维模型进行组合,在 Design Studio 中建立

1.3 GHz 7 端口功分器的联合仿真模型,如图 5.24 所示。1.3 GHz 7 端口功分器的 S 参数计算结果如图 5.25 所示。可以看出,功分器的设计结果基本满足式(5.29)的理论值要求,能够实现端口 1~端口 6 端口的输出功率平均分配的设计要求。

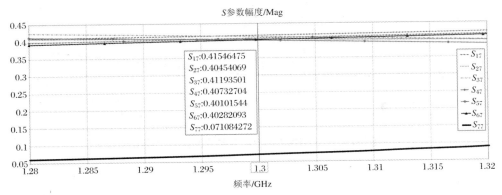

图 5.22　6 合 1 同轴型功分器三维结构的 $S$ 参数计算结果

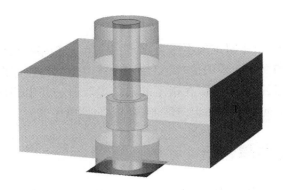

图 5.23　波导同轴转换器的三维仿真模型

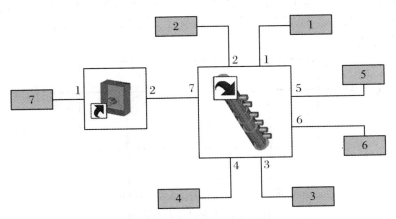

图 5.24　1.3 GHz 7 端口功分器的联合仿真模型

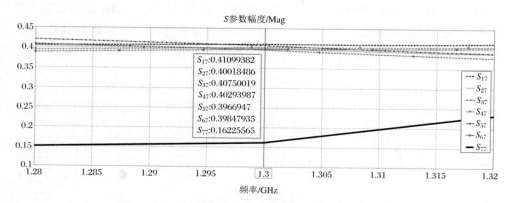

图 5.25　1.3 GHz 7 端口功分器的 $S$ 参数计算结果

# 5.2　定　向　器　件

在微波系统中,由于阻抗的不匹配,必然存在前向功率和反向功率。为了提取并测量前向功率和反向功率的值,需要使用微波定向器件。定向器件通常是 3 端口或 4 端口器件,其特性是可以在指定的端口提取通过其中的前向功率和反向功率。常用的微波定向器件包括定向耦合器和方向性电桥。

## 5.2.1　定向耦合器

定向耦合器通常为 4 端口器件,如图 5.26 所示,可以实现前向功率和反向功率的定向耦合。在理想情况下,从端口 1 到端口 2 的前向功率可以耦合到端口 3,但是不能耦合到端口 4;反之,从端口 2 到端口 1 的反向功率可以耦合到端口 4,但是不能耦合到端口 3。

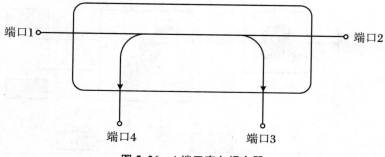

图 5.26　4 端口定向耦合器

如果定向耦合器的所有端口都匹配,且为互易网络,那么定向耦合器的 $S$ 参数可以表示为

$$[\boldsymbol{S}] = \begin{bmatrix} 0 & S_{12} & S_{13} & 0 \\ S_{12} & 0 & 0 & S_{24} \\ S_{13} & 0 & 0 & S_{34} \\ 0 & S_{24} & S_{34} & 0 \end{bmatrix} \tag{5.30}$$

如果定向耦合器是无耗的,那么利用幺正性的"1 项",可以得到

$$|S_{12}|^2 + |S_{13}|^2 = 1$$
$$|S_{12}|^2 + |S_{24}|^2 = 1$$
$$|S_{13}|^2 + |S_{34}|^2 = 1$$
$$|S_{24}|^2 + |S_{34}|^2 = 1 \tag{5.31}$$

根据式(5.31),可以得到

$$|S_{13}| = |S_{24}|$$
$$|S_{12}| = |S_{34}| \tag{5.32}$$

为了简化定向耦合器的参数,可以设定

$$S_{12} = S_{34} = \alpha$$
$$S_{13} = \beta e^{j\theta}$$
$$S_{24} = \beta e^{j\varphi} \tag{5.33}$$

此时,利用 $S$ 参数幺正性的"0 项",可以得到

$$S_{12} \cdot S_{24}^* + S_{13} \cdot S_{34}^* = 0 \tag{5.34}$$

将式(5.33)代入式(5.34),可以得到

$$\alpha \cdot \beta e^{-j\varphi} + \beta e^{j\theta} \cdot \alpha = 0 \tag{5.35}$$

于是可以得到,$\theta$ 和 $\varphi$ 之间的相位关系满足

$$\theta + \varphi = \pi + 2n\pi \tag{5.36}$$

在定向耦合器的实际设计中,通常选取 $\theta + \varphi = \pi$ 的关系。为了使用方便,通常有两种特定选择:

(1) $\theta = \varphi = \dfrac{\pi}{2}$,即 $S_{13}$ 和 $S_{24}$ 相位相等,则 $S$ 参数可以表示为

$$[\boldsymbol{S}] = \begin{bmatrix} 0 & \alpha & j\beta & 0 \\ \alpha & 0 & 0 & j\beta \\ j\beta & 0 & 0 & \alpha \\ 0 & j\beta & \alpha & 0 \end{bmatrix} \tag{5.37}$$

(2) $\theta = 0, \varphi = \pi$,即 $S_{13}$ 和 $S_{24}$ 相位相差 180°,则 $S$ 参数可以表示为

$$[\boldsymbol{S}] = \begin{bmatrix} 0 & \alpha & \beta & 0 \\ \alpha & 0 & 0 & -\beta \\ \beta & 0 & 0 & \alpha \\ 0 & -\beta & \alpha & 0 \end{bmatrix} \tag{5.38}$$

若定向耦合器以端口 1 作为功率输入端口,则用来表征定向耦合器性能的三个参量可以定义为

$$耦合度:C = 10\log\frac{P_1}{P_3} = -20\log|S_{31}| \tag{5.39a}$$

$$隔离度:I = 10\log\frac{P_1}{P_4} = -20\log|S_{41}| \tag{5.39b}$$

$$方向性:D = 10\log\frac{P_3}{P_4} = 20\log\left|\frac{S_{31}}{S_{41}}\right| \tag{5.39c}$$

耦合度表示,端口 1 输入功率与端口 3 输出功率的比值。隔离度表示,端口 1 输入功率与端口 4 输出功率的比值。方向性表示,端口 3 输出功率与端口 4 输出功率的比值。三者的关系可以表示为

$$D = I - C \tag{5.40}$$

基于不同原理,定向耦合器有多种类型,本节不再详细介绍定向耦合器的设计过程。

## 5.2.2　方向性电桥

根据前一节的介绍,定向耦合器严格要求端口 1、4 隔离并且端口 2、3 隔离。如果将这一要求弱化,只要求端口 1、4 隔离,端口 2、3 之间可以有功率耦合,那么就可以用方向性电桥实现这一功能。如果将方向性电桥作为一个 4 端口元件,那么其 $S$ 参数可以表示为

$$[\boldsymbol{S}] = \begin{bmatrix} 0 & S_{12} & S_{13} & 0 \\ S_{12} & 0 & S_{23} & S_{24} \\ S_{13} & S_{23} & 0 & S_{34} \\ 0 & S_{24} & S_{34} & 0 \end{bmatrix} \tag{5.41}$$

在微波网络中,方向性电桥是一种常用的定向器件,它的特点是在很宽的频率范围内都可以保证良好的耦合度与隔离度。方向性电桥可以在平衡电桥的基础上改进而得到,平衡电桥的基本结构如图 5.27 所示。

当平衡电桥的电阻满足如下关系时,$R_d$ 两端的静电压为 0,$R_d$ 中没有电流流过。而此时,$R_3$ 和 $R_4$ 两端均有电压。

$$\frac{R_1}{R_2} = \frac{R_3}{R_4} \tag{5.42}$$

通过以上分析,可以考虑利用电阻 $R_3$,$R_4$ 和 $R_d$ 来构建定向耦合器的输出、耦合和隔离端口。如果要使用电阻 $R_3$,$R_4$ 和 $R_d$ 构建耦合器端口,那么需要将 $R_3$,$R_4$ 和 $R_d$ 的公共端(节点 4)接地。

图 5.27 中的信号电压 $V$ 施加在节点 1、2 之间,由于节点 2 接地,所以电压 $V$ 是一个不平衡信号。如果将节点 4 接地,节点 1 和节点 2 之间施加的电压需要是

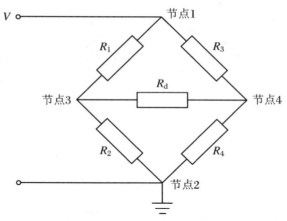

**图 5.27　平衡电桥的电路模型**

一个平衡信号。在微波系统中,输入信号一般都是不平衡信号,为了将不平衡信号转换为平衡信号,需要在输入信号与节点 1、2 之间增加一个 1∶1 变压器,起到巴伦的作用。增加巴伦后的平衡电桥如图 5.28 所示。

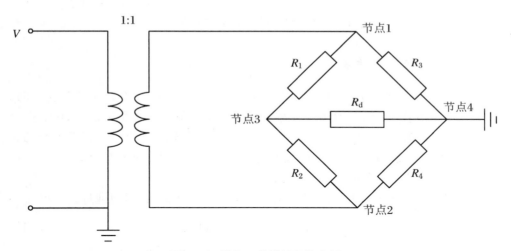

**图 5.28　增加巴伦后的平衡电桥**

节点 4 接地后电压为 0。在式(5.42)的基础上,如果进一步满足

$$R_1 = R_2$$
$$R_3 = R_4 \tag{5.43}$$

那么,节点 1 和节点 2 的电压相等且反向,由于节点 1 和节点 2 之间的压差仍为 $V$,可以进一步得到节点 1 和节点 2 的电压为

$$V_1 = \frac{V}{2}$$

$$V_2 = -\frac{V}{2} \tag{5.44}$$

在图 5.28 的基础上，将电阻 $R_3$，$R_4$ 和 $R_d$ 用传输线和负载电阻代替，可以得到方向性电桥的等效电路模型，如图 5.29 所示。模型中，端口 2 的特性阻抗 $Z_2 = R_3$，这样在节点 1 处的输入电阻仍为 $R_3$。同理，端口 3 的特性阻抗 $Z_3 = R_4$，端口 4 的特性阻抗 $Z_4 = R_d$。

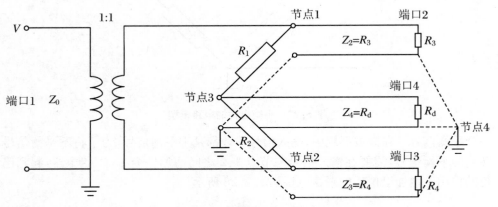

**图 5.29　方向性电桥的等效电路模型**

### 1. 电桥的正向传输

为了便于分析方向性电桥的正向传输特性，可以将图 5.29 进一步简化，如图 5.30 所示。在图 5.30 中，将每个传输线端口的特性阻抗均设置为 $Z_0 = 50\ \Omega$，并且将电阻也设置为 $R_1 = R_2 = Z_0 = 50\ \Omega$。每个端口的传输线长度将引起 $S$ 参数的相位变化，此处定义端口 1 传输线的长度为 $l_1$，端口 2 传输线的长度为 $l_2$，端口 3 传输线的长度为 $l_3$，以及端口 4 传输线的长度为 $l_4$。

以端口 1 为电压输入端口，在节点 1、2 之间的输入阻抗，可以通过计算得到

$$Z_{\text{in12\_port1}} = \frac{R_1 + R_2}{2} = 50\ (\Omega) \tag{5.45}$$

由于变压器的变压系数为 1:1，并且 $Z_0 = Z_{\text{in12\_port1}}$，那么可以得到

$$S_{11} = 0 \tag{5.46}$$

因为没有反射功率，所以端口 1 的输入电压为

$$V_1^+ = V \tag{5.47}$$

经过端口 1 的传输线，节点 1、2 间的电压为

$$V_{12} = V\mathrm{e}^{-\mathrm{j}\beta l_1} \tag{5.48}$$

参考式(5.44)，节点 1 处的电压为

$$V_1 = \frac{V_{12}}{2} = \frac{V}{2}\mathrm{e}^{-\mathrm{j}\beta l_1} \tag{5.49}$$

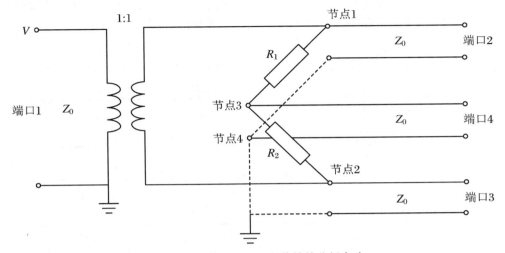

**图 5.30 方向性电桥正向传输的分析电路**

由于节点 4 接地,所以节点 1、4 间的电压为 $V_{14} = V_1$,经过端口 2 的传输线,在端口 2 的输出电压为

$$V_2^- = \frac{V}{2} \mathrm{e}^{-\mathrm{j}\beta l_1} \mathrm{e}^{-\mathrm{j}\beta l_2} = \frac{V}{2} \mathrm{e}^{-\mathrm{j}\beta(l_1 + l_2)} \tag{5.50}$$

进而可以计算得到端口 2 的 $S_{21}$ 为

$$S_{21} = \frac{V_2^-}{V_1^+} = \frac{1}{2} \mathrm{e}^{-\mathrm{j}\beta(l_1 + l_2)} \tag{5.51}$$

参考式(5.44),节点 2 处的电压为

$$V_2 = -\frac{V_{12}}{2} = -\frac{V}{2} \mathrm{e}^{-\mathrm{j}\beta l_1} \tag{5.52}$$

由于节点 4 接地,所以节点 2、4 间的电压为 $V_{24} = V_2$,经过端口 3 的传输线,在端口 3 的输出电压为

$$V_3^- = -\frac{V}{2} \mathrm{e}^{-\mathrm{j}\beta l_1} \mathrm{e}^{-\mathrm{j}\beta l_3} = -\frac{V}{2} \mathrm{e}^{-\mathrm{j}\beta(l_1 + l_3)} \tag{5.53}$$

进而可以计算得到端口 3 的 $S_{31}$ 为

$$S_{31} = \frac{V_3^-}{V_1^+} = -\frac{1}{2} \mathrm{e}^{-\mathrm{j}\beta(l_1 + l_3)} \tag{5.54}$$

由于节点 3 处的电压与节点 4 处电压相同,并且节点 4 接地,所以端口 4 的输出电压为 0,进而端口 4 的 $S_{41}$ 为

$$S_{41} = 0 \tag{5.55}$$

## 2. 电桥的反向传输

为了方便分析电桥的反向传输特性,可以将图 5.30 的电路模型进行重新布

局。布局方案如图 5.31 所示,将图中的节点按箭头指向拖到新的位置,与节点相连的线和元件随之一起移动。重新布局后的电路模型如图 5.32 所示。

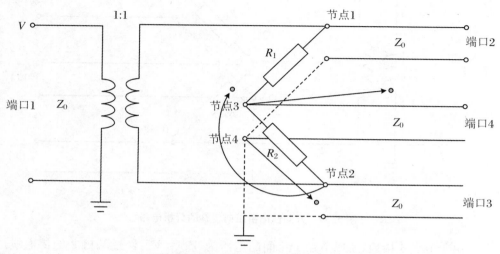

图 5.31　方向性电桥重新布局方案

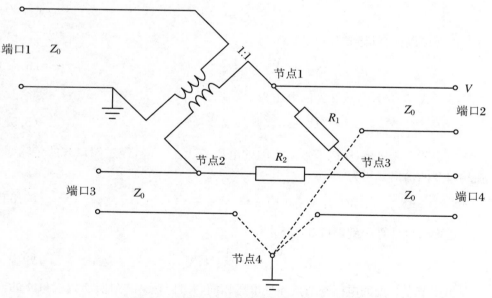

图 5.32　方向性电桥反向传输的分析电路

以端口 2 为电压输入端口,由于变压器的变压系数为 1:1,在节点 1、2 间的输入阻抗为

$$Z_{\text{in12\_port 2}} = Z_0 = 50\,(\Omega) \tag{5.56}$$

所以在节点 1、4 间的输入阻抗可以通过计算得到

$$Z_{\text{in14\_port 2}} = \frac{Z_0 + Z_0}{2} = 50 \ (\Omega) \tag{5.57}$$

由于端口 2 的特性阻抗 $Z_0 = Z_{\text{in14\_port 2}}$，可以得到

$$S_{22} = 0 \tag{5.58}$$

因为没有反射功率，所以端口 2 的输入电压为

$$V_2^+ = V \tag{5.59}$$

经过端口 2 的传输线，节点 1、4 间的电压为

$$V_{14} = V\mathrm{e}^{-\mathrm{j}\beta l_2} \tag{5.60}$$

因为图 5.32 的电路布局仍构成平衡电桥，所以节点 1、2 间的电压为

$$V_{12} = \frac{V_{14}}{2} = \frac{V}{2}\mathrm{e}^{-\mathrm{j}\beta l_2} \tag{5.61}$$

节点 1、2 间的电压 $V_{12}$ 通过 1∶1 变压器后，一端接地并且压差不变，经过端口 1 的传输线，在端口 1 的输出电压为

$$V_1^- = \frac{V}{2}\mathrm{e}^{-\mathrm{j}\beta l_2}\mathrm{e}^{-\mathrm{j}\beta l_1} = \frac{V}{2}\mathrm{e}^{-\mathrm{j}\beta(l_2 + l_1)} \tag{5.62}$$

进而可以计算得到端口 1 的 $S_{12}$ 为

$$S_{12} = \frac{V_1^-}{V_2^+} = \frac{1}{2}\mathrm{e}^{-\mathrm{j}\beta(l_2 + l_1)} \tag{5.63}$$

节点 2、4 间的电压为 $V_{24} = V_{12}$，经过端口 3 的传输线，在端口 3 的输出电压为

$$V_3^- = \frac{V}{2}\mathrm{e}^{-\mathrm{j}\beta l_2}\mathrm{e}^{-\mathrm{j}\beta l_3} = \frac{V}{2}\mathrm{e}^{-\mathrm{j}\beta(l_2 + l_3)} \tag{5.64}$$

进而可以计算得到端口 3 的 $S_{32}$ 为

$$S_{32} = \frac{V_3^-}{V_2^+} = \frac{1}{2}\mathrm{e}^{-\mathrm{j}\beta(l_2 + l_3)} \tag{5.65}$$

节点 3、4 间的电压为 $V_{34} = V_{24}$，经过端口 4 的传输线，在端口 4 的输出电压为

$$V_4^- = \frac{V}{2}\mathrm{e}^{-\mathrm{j}\beta l_2}\mathrm{e}^{-\mathrm{j}\beta l_4} = \frac{V}{2}\mathrm{e}^{-\mathrm{j}\beta(l_2 + l_4)} \tag{5.66}$$

进而可以计算得到端口 4 的 $S_{42}$ 为

$$S_{42} = \frac{V_4^-}{V_2^+} = \frac{1}{2}\mathrm{e}^{-\mathrm{j}\beta(l_2 + l_4)} \tag{5.67}$$

### 3. 传输线模型

经过上述分析，可以看出方向电桥端口 1 的输入功率不会传输到端口 4，而端口 2 的输入功率可以传输到端口 4，所以端口 4 可以起到功率的定向提取作用。因为端口 3 与端口 1 和端口 2 都会发生功率交换，其功率的提取不具备方向性，所以在实际使用中通常将端口 3 端接匹配负载。这样，方向性电桥就退化为 3 端口器件，其等效电路变成图 5.33 的形式。方向性电桥的元件图标可以用图 5.34 的形式表示。

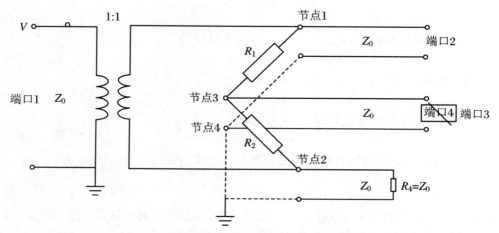

**图 5.33　方向性电桥就退化为 3 端口器件的等效电路**

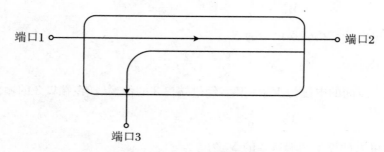

**图 5.34　方向性电桥的元件图标**

　　图 5.33 的等效电路在图 5.30 的基础上,将原来的端口 3 端接匹配负载 $R_4$,将原来的端口 4 更名为端口 3。这样,新模型的 $S_{31}$ 等于原来模型的 $S_{41}$,新模型的 $S_{32}$ 等于原来模型的 $S_{42}$。结合前面的计算结果,可以得到 3 端口方向电桥的 $S$ 参数为

$$[\boldsymbol{S}] = \begin{bmatrix} 0 & \dfrac{1}{2}\mathrm{e}^{-\mathrm{j}\beta(l_2+l_1)} & 0 \\ \dfrac{1}{2}\mathrm{e}^{-\mathrm{j}\beta(l_2+l_1)} & 0 & \dfrac{1}{2}\mathrm{e}^{-\mathrm{j}\beta(l_2+l_3)} \\ 0 & \dfrac{1}{2}\mathrm{e}^{-\mathrm{j}\beta(l_2+l_3)} & 0 \end{bmatrix} \tag{5.68}$$

　　在图 5.33 的电路模型中,将传输线特性阻抗设定为 $Z_0 = 50(\Omega)$,为了便于计算,将每个端口的传输线长度设定为 $100\ \mathrm{mm}$。在 Design Studio 中建立方向电桥的传输线模型,如图 5.35 所示,电路使用的参数在表 5.5 中列出。方向电桥的 $S$ 参数仿真结果如图 5.36 所示。

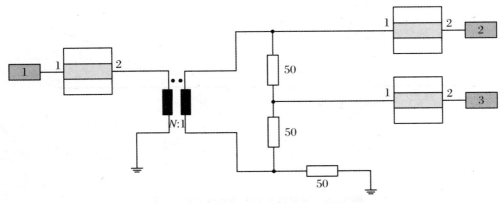

图 5.35　方向电桥的传输线仿真模型

表 5.5　方向电桥传输线模型的电路参数

| $Z_0$ | $l_1$ | $l_2$ | $l_3$ |
|---|---|---|---|
| 50 Ω | 100 mm | 100 mm | 100 mm |

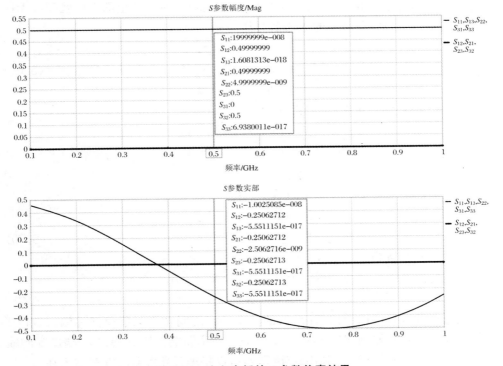

图 5.36　方向电桥的 $S$ 参数仿真结果

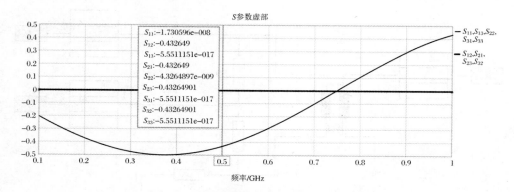

图 5.36　方向电桥的 $S$ 参数仿真结果(续)

# 5.3　环　形　器

　　环形器是一个 3 端口器件,具有非互易性,可以同时满足全部端口匹配和无耗这两个条件。可以将环形器的 $S$ 参数写作

$$[\boldsymbol{S}] = \begin{bmatrix} 0 & S_{12} & S_{13} \\ S_{21} & 0 & S_{23} \\ S_{31} & S_{32} & 0 \end{bmatrix} \tag{5.69}$$

　　利用 $S$ 参数的幺正性,可以得到

$$|S_{21}|^2 + |S_{31}|^2 = 1$$
$$|S_{12}|^2 + |S_{32}|^2 = 1$$
$$|S_{13}|^2 + |S_{31}|^2 = 1$$
$$S_{31} \cdot S_{32}^* = 0$$
$$S_{21} \cdot S_{23}^* = 0$$
$$S_{13} \cdot S_{12}^* = 0 \tag{5.70}$$

　　上式的一组解为

$$|S_{21}| = |S_{32}| = |S_{13}| = 1$$
$$S_{31} = S_{23} = S_{12} = 0 \tag{5.71}$$

　　通过式(5.71)可以看出,环形器的 3 个端口之间功率只能单向传输。端口 1 的输入功率只能传输到端口 2,端口 2 的输入功率只能传输到端口 3,端口 3 的输入功率只能传输到端口 1。利用式(5.71),可以将理想环形器的 $S$ 参数表述为

$$[\boldsymbol{S}] = \begin{bmatrix} 0 & 0 & S_{13} \\ S_{21} & 0 & 0 \\ 0 & S_{32} & 0 \end{bmatrix} \tag{5.72}$$

### 5.3.1 旋磁材料

环形器的单向传输,主要依靠旋磁材料在偏置磁场下的各向异性来实现。旋磁材料的各向异性,主要体现在其张量磁导率上。旋磁铁氧体是微波器件中常用的磁各向异性材料[2]。本节,我们从外加磁场与磁偶极矩的相互作用入手,去试图理解旋磁材料的磁化以及磁各向异性的产生过程。

#### 1. 饱和磁化

在磁性材料中,电子自旋会产生磁偶极矩,通常用 $\boldsymbol{m}$ 表示。同时,自旋的电子也有一个自旋角动量,通常用 $\boldsymbol{s}$ 表示。磁偶极矩与自旋角动量方向相反,如图 5.37 所示,二者之比为一常数,称为旋磁比。旋磁比 $\gamma$ 可以表示为

$$\gamma = \frac{m}{s} = \frac{ge}{2m_e} = 1.759 \times 10^{11}\,(\text{C/kg}) \tag{5.73}$$

式中,$g$ 是朗德因子,$e$ 是电子电荷量,$m_e$ 是电子质量。对于大部分微波铁氧体材料,朗德因子 $g = 2$。

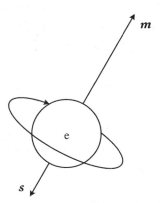

**图 5.37 电子自旋的磁偶极矩与自旋角动量**

在磁性材料中,磁偶极矩的方向是无规律的。若将铁氧体置于外部磁场中,在外部磁场的作用下,磁偶极矩将沿着外部磁场的方向排列。假设单位体积的铁氧体内有 $N$ 个磁偶极矩,当无外部磁场 $H_0$ 时,单位体积内的磁偶极矩无序排列;当存在外部磁场 $H_0$ 时,单位体积内的磁偶极矩有一部分沿着 $H_0$ 方向排列;当外部磁场 $H_0$ 很大时,单位体积内的磁偶极矩全部沿着 $H_0$ 方向排列。这一过程如图 5.38 所示。

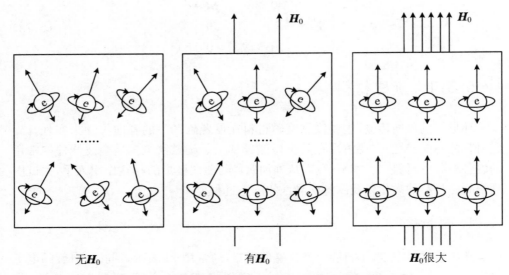

**图 5.38　磁性材料中,磁偶极矩在外部磁场下的磁化过程**

假设在外部磁场 $H_0$ 的作用下,单位体积内的铁氧体有 $n(n<0)$ 个磁偶极矩沿 $H_0$ 方向排列,则此时的磁化强度可以表示为

$$M = nm \tag{5.74}$$

随着 $H_0$ 的增大,$n$ 的数量也随之增大,当 $n$ 的数值等于 $N$ 时,单位体积内的磁偶极矩全部被磁化,此时磁化强度达到最大值,此后即便 $H_0$ 进一步增大,磁化强度也不会发生变化,这就是铁氧体的整个磁化过程。在磁化过程中,$M$ 随 $H_0$ 的变化曲线如图 5.39 所示。将磁化强度的最大值,定义为饱和磁化强度,用 $M_s$ 表示。饱和磁化强度 $M_s$ 为

$$M_s = Nm \tag{5.75}$$

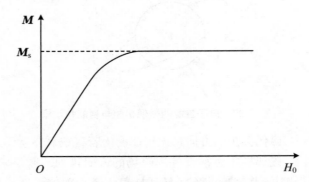

**图 5.39　磁化强度 $M$ 随 $H_0$ 的变化曲线**

当铁氧体被饱和磁化后,单位体积的总自旋角动量 $S$ 可以表示为

$$S = Ns \tag{5.76}$$

单位体积的饱和磁化强度 $M_s$ 和总自旋角动量 $S$ 之比仍为旋磁比 $\gamma$,可以表示为

$$\gamma = \frac{M_s}{S} \tag{5.77}$$

在后面的论述中,我们只讨论外部磁场很强的情况,即铁氧体被饱和磁化。这样,我们可以使用单位体积的饱和磁化强度 $M_s$ 和总自旋角动量 $S$ 的宏观概念,来反应单位体积内自旋电子的集体运动,并在此基础上建立动力学方程,从而跳出单电子模型的微观视角。

### 2. 张量磁导率

为了讨论方便,我们规定铁氧体的外部磁场 $H_0$ 的方向为 $z$ 方向,在无附加场作用的情况下饱和磁矩 $M_s$ 与 $H_0$ 方向一致。当有一个交变的微波场作用于铁氧体区域时,假设微波场较弱,微波场将作为附加场叠加在 $H_0$ 上。这样形成的叠加磁场 $H_t$,可以表示为

$$H_t = H_0 \hat{z} + H \tag{5.78}$$

式中,$H$ 是微波场引入的附加磁场。

在附加磁场 $H$ 的作用下,铁氧体会产生附加磁矩 $M$,这样形成的总磁矩 $M_t$ 可以表示为

$$M_t = M_s \hat{z} + M \tag{5.79}$$

总磁矩 $M_t$ 与磁场 $H_0$ 和 $H$ 的作用关系如图 5.40 所示。在附加磁场 $H$ 的作用下 $M_t$ 与 $H_0$ 有一个夹角。

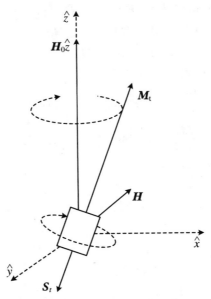

**图 5.40 总磁矩 $M_t$ 与磁场 $H_0$ 和附加磁场 $H$ 的作用关系**

如果，此时附加磁场 $\boldsymbol{H}$ 突然消失，$\boldsymbol{M}_t$ 与 $\boldsymbol{H}_0$ 相互作用将产生一个转矩 $\boldsymbol{T}_0$，其大小可以表示为

$$T_0 = \mu_0 \boldsymbol{M}_t \times \boldsymbol{H}_0 \tag{5.80}$$

在 $\boldsymbol{T}_0$ 的作用下，$\boldsymbol{M}_t$ 将绕 $\boldsymbol{H}_0$ 做旋转进动。由于阻尼力的存在，$\boldsymbol{M}_t$ 的进动不会无限进行下去，经过一段时间的衰减，进动越来越弱，最终达到 $\boldsymbol{M}_t$ 与 $\boldsymbol{H}_0$ 方向一致的稳定状态。

然而，实际情况是存在附加磁场 $\boldsymbol{H}$，$\boldsymbol{H}$ 的存在将使 $\boldsymbol{M}_t$ 的进动方式变的复杂，下面我们就来建立这种复杂进动的动力学方程。

由于附加磁场 $\boldsymbol{H}$ 的作用，总转矩 $\boldsymbol{T}_t$ 可以表示为

$$T_t = \mu_0 \boldsymbol{M}_t \times \boldsymbol{H}_t = \mu_0 (\boldsymbol{M}_s \hat{z} + \boldsymbol{M}) \times (\boldsymbol{H}_0 \hat{z} + \boldsymbol{H}) \tag{5.81}$$

总转矩 $\boldsymbol{T}_t$ 反映了总角动量随时间的变化率，其表达公式为

$$T_t = \frac{\mathrm{d}\boldsymbol{S}_t}{\mathrm{d}t} = -\frac{1}{\gamma}\frac{\mathrm{d}\boldsymbol{M}_t}{\mathrm{d}t} \tag{5.82}$$

结合式（5.81）和（5.82），并利用 $\dfrac{\mathrm{d}\boldsymbol{M}_s}{\mathrm{d}t} = 0$，可以得到以下的运动方程：

$$\frac{\mathrm{d}\boldsymbol{M}_x}{\mathrm{d}t} = -\gamma\mu_0 \boldsymbol{M}_y (\boldsymbol{H}_0 + \boldsymbol{H}_z) + \gamma\mu_0 (\boldsymbol{M}_s + \boldsymbol{M}_z)\boldsymbol{H}_y$$

$$\frac{\mathrm{d}\boldsymbol{M}_y}{\mathrm{d}t} = \gamma\mu_0 \boldsymbol{M}_x (\boldsymbol{H}_0 + \boldsymbol{H}_z) - \gamma\mu_0 (\boldsymbol{M}_s + \boldsymbol{M}_z)\boldsymbol{H}_x$$

$$\frac{\mathrm{d}\boldsymbol{M}_z}{\mathrm{d}t} = -\gamma\mu_0 \boldsymbol{M}_x \boldsymbol{H}_y + \gamma\mu_0 \boldsymbol{M}_y \boldsymbol{H}_x \tag{5.83}$$

由于外加磁场较弱，可以认为 $|\boldsymbol{H}| \ll \boldsymbol{H}_0$，则可以进一步认为

$$|\boldsymbol{M}||\boldsymbol{H}| \ll |\boldsymbol{M}|\boldsymbol{H}_0$$

$$|\boldsymbol{M}||\boldsymbol{H}| \ll \boldsymbol{M}_s|\boldsymbol{H}| \tag{5.84}$$

利用式（5.84）可以将式（5.83）化简为

$$\frac{\mathrm{d}\boldsymbol{M}_x}{\mathrm{d}t} = -\gamma\mu_0 \boldsymbol{M}_y \boldsymbol{H}_0 + \gamma\mu_0 \boldsymbol{M}_s \boldsymbol{H}_y$$

$$\frac{\mathrm{d}\boldsymbol{M}_y}{\mathrm{d}t} = \gamma\mu_0 \boldsymbol{M}_x \boldsymbol{H}_0 - \gamma\mu_0 \boldsymbol{M}_s \boldsymbol{H}_x$$

$$\frac{\mathrm{d}\boldsymbol{M}_z}{\mathrm{d}t} = 0 \tag{5.85}$$

此处，我们定义拉莫频率 $\omega_0$ 和旋转频率 $\omega_m$，这两个常量的表达式分别为

$$\omega_0 = \mu_0 \gamma \boldsymbol{H}_0$$

$$\omega_m = \mu_0 \gamma \boldsymbol{M}_s \tag{5.86}$$

利用式（5.86），式（5.85）可以化简为

$$\frac{\mathrm{d}\boldsymbol{M}_x}{\mathrm{d}t} = -\omega_0 \boldsymbol{M}_y + \omega_m \boldsymbol{H}_y \tag{5.87a}$$

$$\frac{\mathrm{d}\boldsymbol{M}_y}{\mathrm{d}t} = \omega_0\boldsymbol{M}_x - \omega_\mathrm{m}\boldsymbol{H}_x \tag{5.87b}$$

$$\frac{\mathrm{d}\boldsymbol{M}_z}{\mathrm{d}t} = 0 \tag{5.87c}$$

将式(5.87a)和(5.87b)进一步化简,可以得到关于 $\boldsymbol{M}_x$ 和 $\boldsymbol{M}_y$ 的微分方程:

$$\frac{\mathrm{d}^2\boldsymbol{M}_x}{\mathrm{d}t^2} + \omega_0^2\boldsymbol{M}_x = \omega_0\omega_\mathrm{m}\boldsymbol{H}_x + \omega_\mathrm{m}\frac{\mathrm{d}\boldsymbol{H}_y}{\mathrm{d}t} \tag{5.88a}$$

$$\frac{\mathrm{d}^2\boldsymbol{M}_y}{\mathrm{d}t^2} + \omega_0^2\boldsymbol{M}_y = \omega_0\omega_\mathrm{m}\boldsymbol{H}_y - \omega_\mathrm{m}\frac{\mathrm{d}\boldsymbol{H}_x}{\mathrm{d}t} \tag{5.88b}$$

因为 $\boldsymbol{H}$ 是交变的微波场,所以 $\boldsymbol{H}$ 具有时间谐变关系 $\mathrm{e}^{\mathrm{j}\omega t}$,$\omega$ 代表微波场的频率。因此式(5.88)可以进一步化简为

$$(\omega_0^2 - \omega^2)\boldsymbol{M}_x = \omega_0\omega_\mathrm{m}\boldsymbol{H}_x + \mathrm{j}\omega\omega_\mathrm{m}\boldsymbol{H}_y \tag{5.89a}$$

$$(\omega_0^2 - \omega^2)\boldsymbol{M}_y = -\mathrm{j}\omega\omega_\mathrm{m}\boldsymbol{H}_x + \omega_0\omega_\mathrm{m}\boldsymbol{H}_y \tag{5.89b}$$

式(5.89)可以表示为矩阵与向量乘积的形式

$$\begin{bmatrix} \boldsymbol{M}_x \\ \boldsymbol{M}_y \\ \boldsymbol{M}_z \end{bmatrix} = \begin{bmatrix} \dfrac{\omega_0\omega_\mathrm{m}}{\omega_0^2 - \omega^2} & \dfrac{\mathrm{j}\omega\omega_\mathrm{m}}{\omega_0^2 - \omega^2} & 0 \\ -\dfrac{\mathrm{j}\omega\omega_\mathrm{m}}{\omega_0^2 - \omega^2} & \dfrac{\omega_0\omega_\mathrm{m}}{\omega_0^2 - \omega^2} & 0 \\ 0 & 0 & 0 \end{bmatrix} \cdot \begin{bmatrix} \boldsymbol{H}_x \\ \boldsymbol{H}_y \\ \boldsymbol{H}_z \end{bmatrix} \tag{5.90}$$

从式(5.90)可以看出,在附加磁场 $\boldsymbol{H}$ 为时谐交变场的情况下,附加磁矩 $\boldsymbol{M}$ 可以通过张量磁化率 $[\boldsymbol{\chi}]$ 与附加磁场 $\boldsymbol{H}$ 建立起联系,其关系可以表示为

$$\boldsymbol{M} = [\boldsymbol{\chi}]\boldsymbol{H} \tag{5.91}$$

式中,张量磁化率 $[\boldsymbol{\chi}]$ 可以表示为

$$[\boldsymbol{\chi}] = \begin{bmatrix} \chi_{xx} & \chi_{xy} & 0 \\ \chi_{yx} & \chi_{yy} & 0 \\ 0 & 0 & 0 \end{bmatrix} = \begin{bmatrix} \dfrac{\omega_0\omega_\mathrm{m}}{\omega_0^2 - \omega^2} & \dfrac{\mathrm{j}\omega\omega_\mathrm{m}}{\omega_0^2 - \omega^2} & 0 \\ -\dfrac{\mathrm{j}\omega\omega_\mathrm{m}}{\omega_0^2 - \omega^2} & \dfrac{\omega_0\omega_\mathrm{m}}{\omega_0^2 - \omega^2} & 0 \\ 0 & 0 & 0 \end{bmatrix} = \begin{bmatrix} \chi_1 & \chi_2 & 0 \\ -\chi_2 & \chi_1 & 0 \\ 0 & 0 & 0 \end{bmatrix}$$

$$\tag{5.92}$$

由于磁感应强度 $\boldsymbol{B}$ 与 $\boldsymbol{M}$ 和 $\boldsymbol{H}$ 的关系为

$$\boldsymbol{B} = \mu_0(\boldsymbol{H} + \boldsymbol{M}) \tag{5.93}$$

利用式(5.91)的关系,可以将式(5.93)化简为

$$\boldsymbol{B} = \mu_0(\boldsymbol{H} + [\boldsymbol{\chi}]\boldsymbol{H}) = \mu_0([\boldsymbol{I}] + [\boldsymbol{\chi}])\boldsymbol{H} \tag{5.94}$$

则可以定义张量磁导率 $[\boldsymbol{\mu}]$ 为

$$[\boldsymbol{\mu}] = \mu_0([\boldsymbol{I}] + [\boldsymbol{\chi}]) = \mu_0[\boldsymbol{\mu}_\mathrm{r}] = \mu_0 \begin{bmatrix} 1 + \chi_1 & \chi_2 & 0 \\ -\chi_2 & 1 + \chi_1 & 0 \\ 0 & 0 & 1 \end{bmatrix} \tag{5.95}$$

仿照相对磁导率的概念,上式中的$[\boldsymbol{\mu}_r]$可以定义为相对张量磁导率。在后面的讨论中,我们主要使用$[\boldsymbol{\mu}_r]$这一概念,以便略去使用$[\boldsymbol{\mu}]$时反复出现的$\mu_0$。

将式(5.92)代入式(5.95),即可得到$[\boldsymbol{\mu}_r]$的具体表达式为

$$[\boldsymbol{\mu}_r] = \begin{bmatrix} \mu_1 & \mu_2 & 0 \\ -\mu_2 & \mu_1 & 0 \\ 0 & 0 & 0 \end{bmatrix} = \mu_0 \begin{bmatrix} 1 + \dfrac{\omega_0\omega_m}{\omega_0^2 - \omega^2} & \dfrac{j\omega\omega_m}{\omega_0^2 - \omega^2} & 0 \\ -\dfrac{j\omega\omega_m}{\omega_0^2 - \omega^2} & 1 + \dfrac{\omega_0\omega_m}{\omega_0^2 - \omega^2} & 0 \\ 0 & 0 & 1 \end{bmatrix} \tag{5.96}$$

### 3. 引入损耗

观察式(5.96)的相对张量磁导率$[\boldsymbol{\mu}_r]$的表达式,可以发现,当微波场的频率$\omega$等于拉莫频率$\omega_0$时,$\mu_1$和$\mu_2$将为无穷大,这一现象称为旋磁共振。当旋磁共振发生时,$[\boldsymbol{\mu}_r]$之所以会趋于无穷大,是因为之前所讨论的模型是无耗的。实际的情况是,材料内部拉莫进动存在损耗机制,所以$[\boldsymbol{\mu}_r]$为无穷大的情况不会发生。

类似于微波谐振系统,将拉莫频率写为复数形式便可以引入损耗项,其复数形式为

$$\omega_0 \rightarrow \omega_0 + j\alpha\omega \tag{5.97}$$

将式(5.97)代入式(5.96),可以得到引入损耗的相对张量磁导率表达式

$$[\boldsymbol{\mu}_r] = \begin{bmatrix} \mu_1 & \mu_2 & 0 \\ -\mu_2 & \mu_1 & 0 \\ 0 & 0 & 0 \end{bmatrix} = \mu_0 \begin{bmatrix} 1 + \dfrac{(\omega_0 + j\alpha\omega)\omega_m}{(\omega_0 + j\alpha\omega)^2 - \omega^2} & \dfrac{j\alpha\omega_m}{(\omega_0 + j\alpha\omega)^2 - \omega^2} & 0 \\ -\dfrac{j\alpha\omega_m}{(\omega_0 + j\alpha\omega)^2 - \omega^2} & 1 + \dfrac{(\omega_0 + j\alpha\omega)\omega_m}{(\omega_0 + j\alpha\omega)^2 - \omega^2} & 0 \\ 0 & 0 & 1 \end{bmatrix}$$

$$\tag{5.98}$$

进一步可得到$\mu_1$和$\mu_2$的表达式为

$$\mu_1 = 1 + \frac{(\omega_0 + j\alpha\omega)\omega_m}{(\omega_0 + j\alpha\omega)^2 - \omega^2} \tag{5.99a}$$

$$\mu_2 = \frac{j\omega_m}{(\omega_0 + j\alpha\omega)^2 - \omega^2} \tag{5.99b}$$

在拉莫频率的复数形式中引入的$\alpha$可以表示为

$$\alpha = \frac{\mu_0\gamma\Delta H}{2\omega} \tag{5.100}$$

式中,$\Delta H$是在微波场频率$\omega$附近的磁化率曲线共振线宽,可以通过实验测量得到。

### 4. 算例

通过前面的介绍,我们已经对张量磁导率的产生机制有所了解,本小节我们以一组磁参数为条件,利用公式对张量磁导率$[\boldsymbol{\mu}_r]$的值进行数值计算。

在计算$[\boldsymbol{\mu}_r]$之前,需要明确的磁参数包括$H_0$,$\Delta H$和$M_s$(此处表示数值)。对于磁参数通常有两种单位制,即 SI 单位制和 CGS 单位制,二者之间常用的换算关系在表 5.6 中列出。

**表 5.6　SI 单位制和 CGS 单位制常用的换算关系**

| 磁学量 | SI 单位制 | CSG 单位制 | 换算关系 |
|---|---|---|---|
| 磁感应强度 | $B/\mathrm{T}$ | $B(G_s)$ | $1\,\mathrm{T}=10^4\,G_s$ |
| 磁场强度 | $H/(\mathrm{A/m})$ | $H(O_e)$ | $1\,\mathrm{A/m}=4\pi/10^3\,O_e$ |
| 磁化强度 | $M/(\mathrm{A/m})$ | $M(G_s)$ | $1\,\mathrm{A/m}=10^{-3}\,G_s$ |
| 真空磁导率 | $4\pi10^{-7}\,\mathrm{H/m}$ | 1 | — |

在描述旋磁材料的磁参数时,一般采用 CGS 单位制,为了表述方便,饱和磁化强度 $M_s$ 将用 $4\pi M_s$ 来表示大小,具体计算 $[\boldsymbol{\mu}_r]$ 时仍用 $M_s$ 的值进行计算。在算例中,使用的磁参数在表 5.7 中列出,其中共振线宽 $\Delta H$ 是在微波频率 0.5 GHz 附近的取值。

**表 5.7　算例中使用的磁参数**

| 磁参数 | CSG 单位制 | SI 单位制 |
|---|---|---|
| $H_0$ | $1.005\times10^3\,O_e$ | $80\times10^3\,\mathrm{A/m}$ |
| $4\pi M_s$ | $950\,G_s$ | $950\times10^3\,\mathrm{A/m}$ |
| $\Delta H$@0.5 GHz | $10\,O_e$ | $7.9577\times10^2\,\mathrm{A/m}$ |

利用以上参数,计算得到的 $\omega_0$,$\omega_m$ 和 $\alpha$ 在表 5.8 中列出。

**表 5.8　利用磁参数计算得到的拉莫频率和旋转频率**

| | SI 单位制 | 对应频率 |
|---|---|---|
| $\omega_0$ | $1.7681\times10^{10}\,\mathrm{rad/s}$ | 2.8141 GHz |
| $\omega_m$ | $1.6708\times10^{10}\,\mathrm{rad/s}$ | 2.6592 GHz |
| $\alpha$@0.5 GHz | 0.0280 | — |

在 0.1 GHz~5 GHz 频段,计算得到的 $\mu_1$ 和 $\mu_2$ 曲线如图 5.41 所示。由于此处 $\mu_1$ 和 $\mu_2$ 为复数,其复数形式统一表述为

$$\mu_1 = \mu_1' - \mathrm{j}\mu_1''$$

$$\mu_2 = \mu_2' - j\mu_2'' \tag{5.101}$$

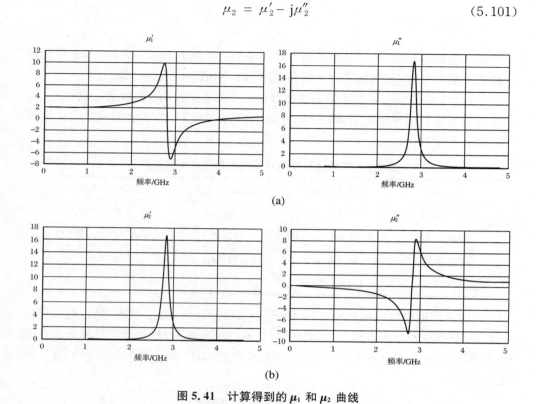

(a)

(b)

**图 5.41　计算得到的 $\mu_1$ 和 $\mu_2$ 曲线**

接下来,利用表 5.7 的磁参数,我们可以对 0.5 GHz 频点附近的磁化率曲线进行计算,从而进一步理解共振线宽 $\Delta H$ 这一概念。此处以张量磁化率$[\chi]$ 中的 $\chi_2$ 的实部 $\chi_2'$ 为例加以说明。旋磁共振反应的是外部磁场 $H_0$ 在变化过程中,拉莫频率 $\omega_0$ 与微波频率 $\omega$ 相对时产生的共振现象。所以,磁化曲线的横坐标应该是 $H_0$,纵坐标是细化率的对应值。利用式(5.86),可以计算出 $\omega_0 = 0.5$ GHz 时,对应的外部磁场 $H_{0\_0.5\,\text{GHz}}$ 为

$$H_{0\_0.5\,\text{GHz}} = \frac{0.5\,\text{GHz}}{\mu_0 \gamma} = 14.214 \times 10^3\,(\text{A/m}) \tag{5.102}$$

在表 5.7 中 $\Delta H = 0.79577 \times 10^3$ A/m,以 $H_{0\_0.5\,\text{GHz}}$ 为中心磁场,$10\Delta H$ 为带宽,绘制 $\chi_2'$-$H_0$ 曲线,如图 5.42 所示。当 $H_0$ 达到 $H_{0\_0.5\,\text{GHz}}$ 时,$\chi_2'$ 达到最大值 94.98,当 $\chi_2'$ 降低到最大值的一半 47.49 时,对应的 $H_0$ 值为 $H_{0\_1} = 13.82$ A/m 和 $H_{0\_2} = 14.61$ A/m,二者的差值为

$$H_{0\_2} - H_{0\_1} = 14.61\,\text{A/m} - 13.82\,\text{A/m} = 0.79\,\text{A/m} = \Delta H \tag{5.103}$$

由此可见,$\Delta H$ 反应的是磁化率曲线从峰值下降到一半时所对应的曲线宽度,这也就是共振线宽定义的由来。与微波谐振电路类似,谐振系统的带宽反映的是损耗大小,对于旋磁材料,$\Delta H$ 越大则磁化损耗越大,$\Delta H$ 越小则磁化损耗越小。

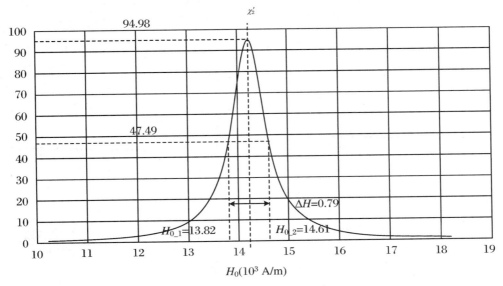

**图 5.42　以 $H_{0\_0.5GHz}$ 为中心磁场的 $\chi_2'$-$H_0$ 曲线**

## 5.3.2　环形器仿真

本小节将利用前一小节表 5.7 中的铁氧体磁参数,建立一个工作频率在 0.5 GHz 附近的环形器仿真模型。环形器仿真模型如图 5.43 所示,环形器为 Y 形结结构,铁氧体片置于 Y 形结的中心,外部磁场的方向与铁氧体片表面方向垂直,3 个 WR1800 矩形波导成 120°对称分布。

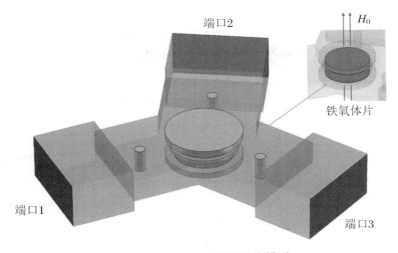

**图 5.43　0.5 GHz 环形器仿真模型**

将铁氧体的磁参数作为材料属性录入 CST 中,CST 计算得到的相对张量磁导率$[\mu_r]$的值如图 5.44 所示。CST 的计算值与图 5.41 的理论计算值一致。

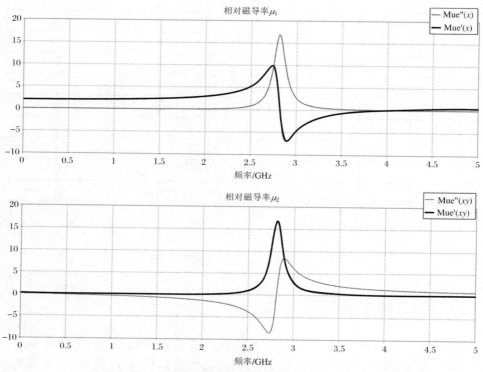

图 5.44　CST 计算得到的相对张量磁导率$[\mu_r]$

环形器 $S$ 参数的计算结果如图 5.45 所示,其中心工作频率为 0.5042 GHz。在中心工作频率,$S_{11} = -35.53$ dB,实现了 1 端口匹配;$S_{31} = -31.68$ dB,实现了端口 1 和端口 3 隔离;$S_{21} = -0.18$ dB,功率可以从端口 1 传输到端口 2,且插损较小。在中心频率,环形器的电场分布如图 5.46 所示。

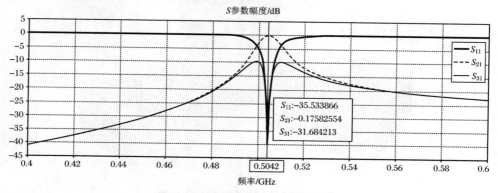

图 5.45　环形器 $S$ 参数的计算结果

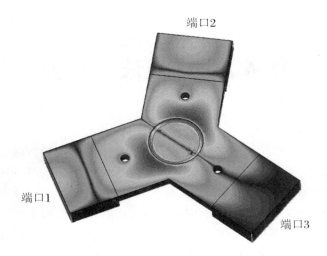

**图 5. 46 环形器在中心频率的电场分布**

# 第 6 章 微 波 测 量

在高频系统的工作中,经常要进行微波测量。在微波测量领域,矢量网络分析仪无疑是最重要的测试设备。理解矢量网络分析仪的测试原理,对进行准确测量和复杂测量十分重要。

矢量网络分析仪典型的测试架构是 3 接收机测试架构和 4 接收机测试架构。测试中,我们关心的是 DUT 的微波参数,但是仪器中实际的信号测试位置并不在 DUT 的端口,DUT 只是整个微波测试网络中的一部分。因此,误差修正是矢量网络分析仪测试的重要组成部分。

基于以上两种测试架构,分别有与之对应的 12 项误差模型和 8 项误差模型。两种误差模型的构建思路不同,但是误差项之间可以相互转换。利用误差模型,在所有误差项已知的情况下,就可以通过测试系统的实际测量值计算出 DUT 的微波参数。在进行误差模型建立和求解的过程中,信号流图是一种有效的分析手段。

校准过程就是通过使用标准件进行一系列测试,从而计算得到误差模型中的误差项。常用的双端口校准方法有 SOLT 校准和 TRL 校准,SOLT 广泛用于标准测试端口的校准,TRL 校准则可以对非标测试端口进行校准。本章的一个特色之处在于,使用 CST Design Studio 建立了矢量网络分析仪 3 接收机测试架构的仿真模型,相当于利用仿真软件搭建了一个"虚拟网分测试系统",并利用此"虚拟系统"对 SOLT 校准过程和误差修正进行了仿真模拟。

在实际工作中,有些微波设备经常需要使用测试夹具才能进行微波测量,测试夹具会影响测试数据的准确性。使用 TRL 测试方法,可以获取测试夹具的微波参数,在此基础上利用去嵌入算法,便可以对测试数据中的夹具误差进行修正。

# 6.1 矢量网络分析测试架构

## 6.1.1 TR 测试系统

矢量网络分析仪的一个主要功能是测试 DUT 的 $S$ 参数。以一个二端口

DUT 为例,在端口 1 给 DUT 馈入功率,入射功率经过 DUT 后,有一部分功率反射回端口 1,另一部分功率传输到端口 2,在端口 1 测量入射波电压和反射波电压,在端口 2 测量传输波电压,即可以完成端口 1 到端口 2 之间的一次单向测试,其对应测量的 $S$ 参数为 $S_{11}$ 和 $S_{21}$。能实现上述测量功能的测试系统通常成为传输/反射测试系统,即 TR 测试系统。

一个典型的 TR 测试系统,如图 6.1 所示。信号源产生的信号通过功率放大器进行放大,ALC 环路可以在预定的范围内控制信号放大后的功率值。放大后的前向信号通过参考信道功分器后分成两路信号:一路信号与本振信号经过混频器混频后变成中频信号,此中频信号被参考接收机采样,用来测量端口 1 的入射波电压 $a_1$;另一路信号经过测试信道方向电桥继续向前传输,通过端口 1 馈入 DUT 中。信号进入 DUT 后,一部分功率发生反射,反射信号通过端口 1 进入测试信道方向电桥,随后反射信号会通过参考信道功分器馈入信号源。定向耦合器的反向耦合端口会提取一部分反射信号,并将此部分反射信号送入混频器中,经过下变频后再送入反射接收机中,用来测量端口 1 的反射波电压 $b_1$。进入 DUT 的信号有一部分会通过 DUT 形成传输信号,并且传输到端口 2 中。传输信号进入端口 2 后,经过混频器产生中频信号后被传输接收机采样,用来测量端口 2 的传输波电压 $b_2$。

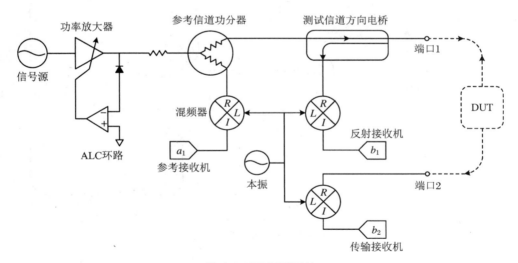

**图 6.1  TR 测试系统**

对于双端口网络,一个 TR 测试系统只能完成一半 $S$ 参数的测量。所以,完整的 $S$ 参数测试系统需要在 TR 测试系统的基础上加以扩展。

## 6.1.2　三接收机测试架构

在 TR 测试系统的基础上,增加一个射频开关和一个方向电桥,就可以构成一个完整的 $S$ 参数测试系统,其结构如图 6.2 所示。信号源产生的信号经过功分器后被分为两路,一路信号仍送入参考接收机,另一路信号则送入射频开关。信号进入射频开关后,通过拨动开关就可以实现入射信号在端口 1 和端口 2 之间的切换。端口 1 和端口 2 的测试信道采用相同的结构。当入射信号激励端口 1 时,端口 2 的传输信号通过方向电桥进入匹配负载,方向电桥也会提取一部分传输信号送入传输接收机,用于测量传输波电压 $b_2$。同理,当入射信号激励端口 2 时,端口 1 的传输信号通过方向电桥进入匹配负载,方向电桥也会提取一部分传输信号送入传输接收机,用于测量传输波电压 $b_1$。这样,通过射频开关的切换,就可以实现 $S$ 参数的完整测量。由于测试系统中使用了 3 个接收机,所以此系统称为三接收机测试系统。

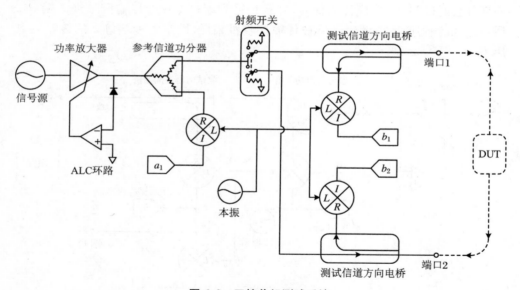

图 6.2　三接收机测试系统

## 6.1.3　四接收机测试架构

在三接收机测试架构的基础上,将参考信道功分器移到射频开关之后,并在射频开关后面增加一路参考信道功分器和参考接收机,就构成了四接收机测试架构,如图 6.3 所示。四接收机测试架构仍通过拨动射频开关,实现入射信号在端口 1 和端口 2 之间切换。当入射信号从端口 1 输出时,端口 2 下游的参考接收机可以同时测量端口 2 的入射波电压 $a_2$。四接收机架构一次可以完成两个端口 4 个电压量的测量,这种架构对于使用 8 项误差模型的较准算法十分有利。

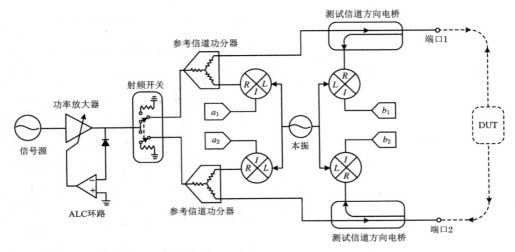

图 6.3 四接收机测试系统

# 6.2 误 差 模 型

## 6.2.1 12 项误差模型

以图 6.2 所示的三接收机测试架构为例,当源在端口 1 进行前向测量时,在前向测量通路中信号的流动如图 6.4 所示。

当源产生的前向功率通过方向电桥时,由于电桥有限的方向性,有一部分前向功率会泄漏到 $b_1$。前向功率遇到 DUT 后,会产生反射信号,反射信号有一部分被方向电桥提取进入 $b_1$,另一部分反射信号向源端传输。由于源失配,反射信号不会被源全部吸收,进而在失配处产生新的反射信号,新的反射信号又会向前传输,通过端口 1 传输到 DUT。

前向信号通过 DUT 后,前向信号有一部分被方向电桥提取进入 $b_2$,另一部分继续向前传输到负载。由于负载失配,负载处也会产生反射信号,反射信号沿原路向后传输,通过端口 2 传输到 DUT。

与图 6.4 对应的,前向测量信号流图如图 6.5 所示,前向测量信号流图也可以称为前向测量误差模型。前向误差模型在使用时,需要同时测量 3 个矢量电压,即

$a_{1M}$，$b_{1M}$和 $b_{2M}$。所以使用此模型时，需要测试系统具备3个接收机。在前向测量误差模型中，包含6个误差项，它们的名称在表6.1中列出。

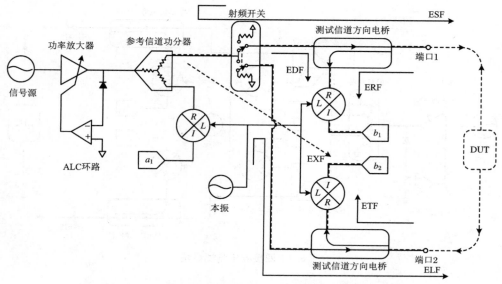

**图6.4　三接收机测试架构前向测量的信号传输情况**

**表6.1　前向测量误差模型的误差项**

| 名称 | 含义 |
| --- | --- |
| EDF | 前向方向性误差 |
| ERF | 前向反射跟踪误差 |
| ESF | 前向源失配误差 |
| ELF | 前向负载失配误差 |
| ETF | 前向传输跟踪误差 |
| EXF | 前向串扰误差 |

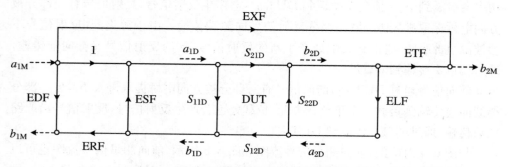

**图6.5　三接收机测试架构前向测量误差模型**

当源在端口 2 进行反向测量时,与前向测试过程相类似,可以得到反向测量误差模型,如图 6.6 所示。在反向测量误差模型中,也包含 6 个误差项,它们的名称在表 6.2 中列出。

**表 6.2 反向测量误差模型的误差项**

| 名称 | 含义 |
|------|------|
| EDR | 反向方向性误差 |
| ERR | 反向反射跟踪误差 |
| ESR | 反向源失配误差 |
| ELR | 反向负载失配误差 |
| ETR | 反向传输跟踪误差 |
| EXR | 反向串扰误差 |

结合图 6.5 和图 6.6,就可以构成矢量网络分析仪完整的 12 项误差模型。

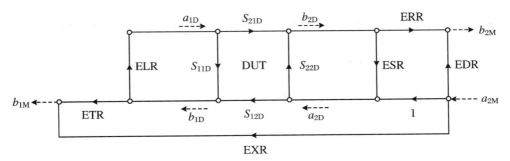

**图 6.6 三接收机测试架构反向测量误差模型**

对于二端口网络,矢量网络分析仪通过一次前向测量和一次反向测量,即可对 DUT 完成一次完整的 $S$ 参数测试。下面以前向测量误差模型为例,通过信号流图计算 $S_{11}$ 和 $S_{21}$ 测量值的表达式。

从输出端到输入端,前向测量误差模型的信号流图化简过程如图 6.7 所示。

向前测量误差模型,经过信号流图简化后,利用图 6.7(d) 就可以得到 $S_{11}$ 和 $S_{21}$ 测量值的表达式为

$$S_{11M} = \frac{b_{1M}}{a_{1M}} = EDF + \frac{ERF \cdot \left(S_{11D} + \dfrac{S_{21D} \cdot ELF \cdot S_{12D}}{1 - ELF \cdot S_{22D}}\right)}{1 - ESF \cdot \left(S_{11D} + \dfrac{S_{21D} \cdot ELF \cdot S_{12D}}{1 - ELF \cdot S_{22D}}\right)}$$

$$S_{21M} = \frac{b_{2M}}{a_{1M}} = \frac{S_{21D} \cdot ETF}{(1 - ESF \cdot S_{11D}) \cdot (1 - ELF \cdot S_{22D}) + ESF \cdot S_{21D} \cdot ELF \cdot S_{12D}} + EXF$$

$$\tag{6.1}$$

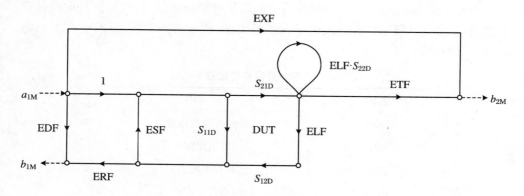

(a) 化简步骤一

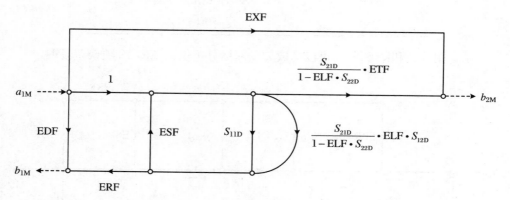

(b) 化简步骤二

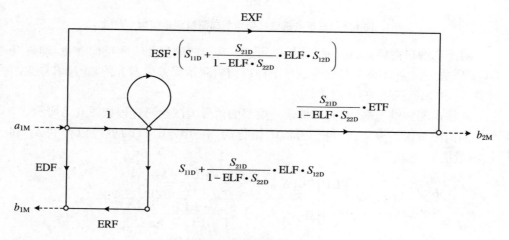

(c) 化简步骤三

**图 6.7** 前向测量误差模型信号流图的化简过程

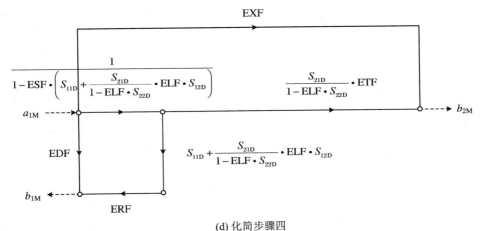

(d) 化简步骤四

**图 6.7  前向测量误差模型信号流图的化简过程(续)**

式中,$S_{11M}$ 和 $S_{21M}$ 为前向测量得到的 $S_{11}$ 和 $S_{21}$ 的测量值,$S_{11D}$,$S_{12D}$,$S_{21D}$ 和 $S_{22D}$ 为 DUT 的 $S$ 参数。

利用同样的方法,可以得到反向测量时 $S_{22}$ 和 $S_{12}$ 测量值的表达式为

$$S_{22M} = \frac{b_{2M}}{a_{2M}} = \text{EDR} + \frac{\text{ERR} \cdot \left( S_{22D} + \frac{S_{12D} \cdot \text{ELR} \cdot S_{21D}}{1 - \text{ELR} \cdot S_{11D}} \right)}{1 - \text{ESR} \cdot \left( S_{22D} + \frac{S_{12D} \cdot \text{ELR} \cdot S_{21D}}{1 - \text{ELR} \cdot S_{11D}} \right)}$$

$$S_{12M} = \frac{b_{1M}}{a_{2M}} = \frac{S_{12D} \cdot \text{ETR}}{(1 - \text{ESR} \cdot S_{22D}) \cdot (1 - \text{ELR} \cdot S_{11D}) + \text{ESR} \cdot S_{12D} \cdot \text{ELR} \cdot S_{21D}} + \text{EXR}$$

$$(6.2)$$

式中,$S_{22M}$ 和 $S_{12M}$ 为反向测量得到的 $S_{22}$ 和 $S_{12}$ 的测量值。

$S_{11M}$,$S_{12M}$,$S_{21M}$ 和 $S_{22M}$ 为测量值,在 12 个误差项全部已知的情况下,利用信号流图,就可以计算出 DUT 的 $S$ 参数。以前向误差模型为例,信号流图的化简过程如图 6.8 所示。

利用图 6.8(b),可以得到如下方程:

$$(1 + \text{ESF} \cdot S_{11N}) \cdot S_{11D} + S_{21N} \cdot \text{ELF} \cdot S_{12D} = S_{11N}$$
$$(1 + \text{ESF} \cdot S_{11N}) \cdot S_{21D} + S_{21N} \cdot \text{ELF} \cdot S_{22D} = S_{21N}$$

$$(6.3)$$

式中,$S_{11N}$ 和 $S_{21N}$ 可以理解为 $S_{11M}$ 和 $S_{21M}$ 的归一化值,其关系可以表示为

$$S_{11N} = \frac{S_{11M} - \text{EDF}}{\text{ERF}}$$

$$S_{21N} = \frac{S_{21M} - \text{EXF}}{\text{ETF}}$$

$$(6.4)$$

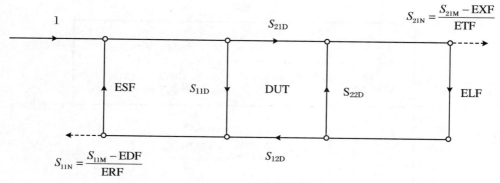

(a) 化简步骤一

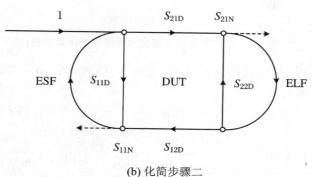

(b) 化简步骤二

**图 6.8　前向误差模型计算 DUT 的 $S$ 参数的化简过程**

反向误差模型的信号流图简化过程，如图 6.9 所示。

利用图 6.9(b)，可以得到如下方程：

$$(1 + \text{ESR} \cdot S_{22N}) \cdot S_{22D} + S_{12N} \cdot \text{ELR} \cdot S_{21D} = S_{22N}$$
$$(1 + \text{ESR} \cdot S_{22N}) \cdot S_{12D} + S_{12N} \cdot \text{ELR} \cdot S_{11D} = S_{12N} \qquad (6.5)$$

式中，$S_{22N}$ 和 $S_{12N}$ 为 $S_{22M}$ 和 $S_{12M}$ 的归一化值，可以表示为

$$S_{22N} = \frac{S_{22M} - \text{EDR}}{\text{ERR}}$$

$$S_{12N} = \frac{S_{12M} - \text{EXR}}{\text{ETR}} \qquad (6.6)$$

联合式(6.3)和式(6.5)，共有 4 个方程和 4 个未知数，进一步求解可以得到 DUT 的 $S$ 参数为

$$S_{11D} = \frac{S_{11N} \cdot (1 + \text{ESR} \cdot S_{22N}) - \text{ELF} \cdot S_{21N} \cdot S_{12N}}{(1 + \text{ESF} \cdot S_{11N}) \cdot (1 + \text{ESR} \cdot S_{22N}) - \text{ELF} \cdot \text{ELR} \cdot S_{21N} \cdot S_{12N}}$$

$$S_{21D} = \frac{S_{21N} \cdot [1 + S_{22N} \cdot (\text{ESR} - \text{ELF})]}{(1 + \text{ESF} \cdot S_{11N}) \cdot (1 + \text{ESR} \cdot S_{22N}) - \text{ELF} \cdot \text{ELR} \cdot S_{21N} \cdot S_{12N}}$$

$$S_{12D} = \frac{S_{12N} \cdot \left[1 + S_{11N} \cdot (ESF - ELR)\right]}{(1 + ESF \cdot S_{11N}) \cdot (1 + ESR \cdot S_{22N}) - ELF \cdot ELR \cdot S_{21N} \cdot S_{12N}}$$

$$S_{22D} = \frac{S_{22N} \cdot (1 + ESF \cdot S_{11N}) - ELR \cdot S_{21N} \cdot S_{12N}}{(1 + ESF \cdot S_{11N}) \cdot (1 + ESR \cdot S_{22N}) - ELF \cdot ELR \cdot S_{21N} \cdot S_{12N}} \quad (6.7)$$

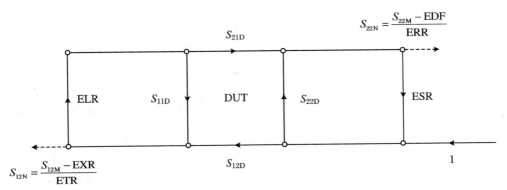

(a) 化简步骤一

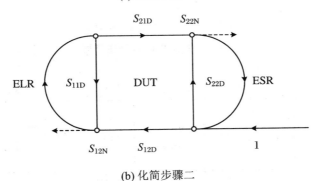

(b) 化简步骤二

**图 6.9　反向误差模型计算 DUT 的 $S$ 参数的化简过程**

　　对于现代矢量网络分析仪,通常可以忽略串扰误差项。因为端口间的串扰小于系统的噪声电平,串扰误差不能被充分表征。在忽略串扰误差项 EXF 和 EXR 后,12 项误差模型将简化为 10 项误差模型,简化后的 10 项误差模型如图 6.10 所示。

## 6.2.2　8 项误差模型

　　矢量网络分析仪的另一种主要误差表示方法是 8 项误差模型。12 项误差模型的构建思路是描述系统实际的信号传输。与 12 项模型的构建思路不同,8 项误差模型的构建思路是将测试系统抽象为输入误差项、DUT 和输出误差项三者的级联。其中,输入误差项、DUT 和输出误差项,每一项都相当于一个独立的 2 端口网络。基于以上思路,构建的 8 项误差模型如图 6.11 所示。

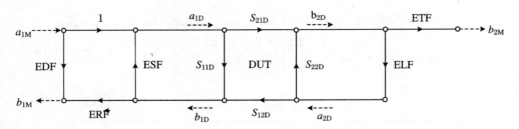

(a) 简化后的前向测试误差模型

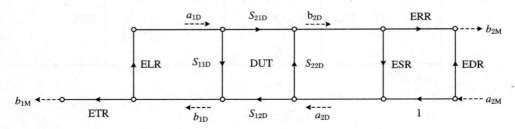

(b) 简化后的反向测试误差模型

图 6.10 简化后的 10 项误差模型

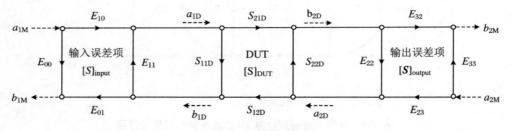

图 6.11 8 项误差模型

图 6.11 中，$[\boldsymbol{S}]_{\text{input}}$ 为输入误差项的 $S$ 参数，$[\boldsymbol{S}]_{\text{DUT}}$ 为 DUT 的 $S$ 参数，$[\boldsymbol{S}]_{\text{output}}$ 为输出误差项的 $S$ 参数。另外，测量得到的 $S$ 参数可以表示为 $[\boldsymbol{S}]_{\text{M}}$。对于级联系统，使用 $T$ 参数进行计算更为方便，$S$ 参数与 $T$ 参数之间的转换公式为

$$\begin{bmatrix} T_{11} & T_{12} \\ T_{21} & T_{22} \end{bmatrix} = \frac{1}{S_{21}} \begin{bmatrix} S_{21} \cdot S_{12} - S_{11} \cdot S_{22} & S_{11} \\ - S_{22} & 1 \end{bmatrix}$$

$$\begin{bmatrix} S_{11} & S_{12} \\ S_{21} & S_{22} \end{bmatrix} = \frac{1}{T_{22}} \begin{bmatrix} T_{12} & T_{11} \cdot T_{22} - T_{21} \cdot T_{12} \\ 1 & - T_{21} \end{bmatrix} \tag{6.8}$$

对于 8 项误差模型，$T$ 参数的级联关系可以表示为

$$[\boldsymbol{T}]_{\text{M}} = [\boldsymbol{T}]_{\text{input}} \cdot [\boldsymbol{T}]_{\text{DUT}} \cdot [\boldsymbol{T}]_{\text{output}} \tag{6.9}$$

在 $[\boldsymbol{S}]_{\text{input}}$、$[\boldsymbol{S}]_{\text{DUT}}$ 和 $[\boldsymbol{S}]_{\text{output}}$ 已知的情况下，可以进一步计算出 $[\boldsymbol{T}]_{\text{DUT}}$ 为

$$[\boldsymbol{T}]_{\text{DUT}} = [\boldsymbol{T}]_{\text{input}}^{-1} \cdot [\boldsymbol{T}]_{\text{M}} \cdot [\boldsymbol{T}]_{\text{output}}^{-1} \tag{6.10}$$

得到 $[\boldsymbol{T}]_{\text{DUT}}$ 后,利用式(6.8)的转换关系,便可以计算出 DUT 的 $S$ 参数 $[\boldsymbol{S}]_{\text{DUT}}$。

将式(6.10)进一步展开,可以得到 $[\boldsymbol{T}]_{\text{DUT}}$ 的详细表达式为

$$[\boldsymbol{T}]_{\text{DUT}} = \frac{E_{10} \cdot E_{32}}{(E_{10} \cdot E_{01}) \cdot (E_{32} \cdot E_{23})} \cdot \begin{bmatrix} 1 & -E_{00} \\ E_{11} & E_{10} \cdot E_{01} - E_{00} \cdot E_{11} \end{bmatrix}$$

$$\cdot [\boldsymbol{T}]_{\text{M}} \cdot \begin{bmatrix} 1 & -E_{22} \\ E_{33} & E_{32} \cdot E_{23} - E_{22} \cdot E_{33} \end{bmatrix} \tag{6.11}$$

通过观察式(6.11),可以发现在进行误差修正的计算时,实际需要使用的误差项为 $E_{00}$,$E_{11}$,$E_{22}$,$E_{33}$,$E_{10} \cdot E_{32}$,$E_{10} \cdot E_{01}$ 和 $E_{32} \cdot E_{23}$,以上为 7 个需要确定的独立值。

8 项误差模型的特点是,在测试中需要同时测量 4 个矢量电压,即 $a_{1\text{M}}$,$b_{1\text{M}}$,$a_{2\text{M}}$ 和 $b_{2\text{M}}$。所以使用此模型时,需要测试系统具备 4 个接收机。也就是说,8 项误差模型适用于四接收机测试架构。

### 6.2.3　误差模型转换

无论 12 项误差模型,还是 8 项误差模型,描述的都是系统的同一测试过程,所以两种误差模型之间可以相互转换。前面已经提到,现代矢量网络分析仪的 12 项误差模型,可以简化为 10 项误差模型。所以,本节重点讨论 10 项误差模型和 8 项误差模型的转换关系。

对于 8 项误差模型,在系统进行前向测试的时候,输出端口的入射波电压 $a_{2\text{M}}$ 是由输出负载不匹配导致的信号反射所产生。所以,在进行前向测试时,8 项误差模型的信号流图可以变换为图 6.12 的形式。

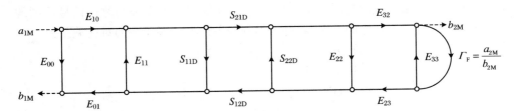

**图 6.12　前向测试时,8 项误差模型的等效变换**

在图 6.12 中,引入了前向负载反射系数 $\Gamma_{\text{F}}$,用来表示输出负载失配导致的信号反射。$\Gamma_{\text{F}}$ 的大小为

$$\Gamma_{\text{F}} = \frac{a_{2\text{M}}}{b_{2\text{M}}} \tag{6.12}$$

对于前向传输信号,$E_{10}$ 是起始路径,$E_{32}$ 是终止路径。所以,可以将起始路径的系数设置为 1,同时将终止路径的系数设置为 $E_{10} \cdot E_{32}$。这样的变换,可以保证输出端口的出射波电压 $b_{2\text{M}}$ 大小不变。同理,对于反向传输信号,$E_{10}$ 是起始路径,

$E_{01}$ 是终止路径。由于起始路径的系数已经设置为 1,可以将终止路径的系数设置为 $E_{10} \cdot E_{01}$,同时将 $E_{23}$ 路径的系数设置为 $\dfrac{E_{23}}{E_{10}}$,这样可以保证输入端口的出射波电压 $b_{1M}$ 大小不变。变换后的信号流图,如图 6.13(a) 所示。

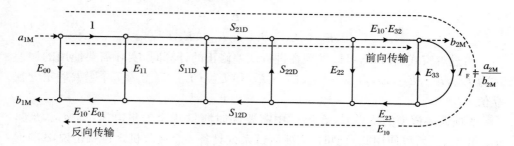

(a) 变换步骤一

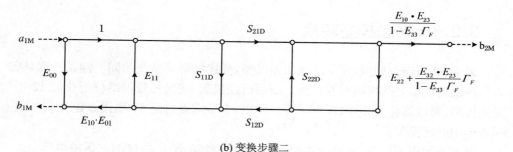

(b) 变换步骤二

**图 6.13　8 项误差模型变换为前向测试的 5 项误差模型**

通过进一步运算,可以将图 6.13(a) 的信号流图简化为图 6.13(b) 的形式。图 6.13(b) 所示的信号流图与图 6.10(a) 所示的 10 项误差模型前向测试信号流图的结构一致,通过一一对应的方法,就可以得到两种模型的误差项的对应关系为

$$EDF = E_{00}$$

$$ESF = E_{11}$$

$$ERF = E_{10} \cdot E_{01}$$

$$ETF = \frac{E_{10} \cdot E_{32}}{1 - E_{33} \cdot \Gamma_F}$$

$$ELF = E_{22} + \frac{E_{32} \cdot E_{23}}{1 - E_{33} \cdot \Gamma_F} \Gamma_F \tag{6.13}$$

使用类似的方法,在系统进行反向测试时,8 项误差模型的信号流图的变换过程如图 6.14 所示。

图 6.14(b) 所示的信号流图与图 6.10(b) 所示的 10 项误差模型反向测试信号流图的结构一致,通过一一对应的方法,就可以得到两种模型的误差项的对应关系为

$$EDR = E_{33}$$

$$ESR = E_{22}$$

$$ERR = E_{23} \cdot E_{32}$$

$$ETR = \frac{E_{23} \cdot E_{01}}{1 - E_{00} \cdot \Gamma_R}$$

$$ELR = E_{11} + \frac{E_{10} \cdot E_{01}}{1 - E_{00} \cdot \Gamma_R} \Gamma_R \tag{6.14}$$

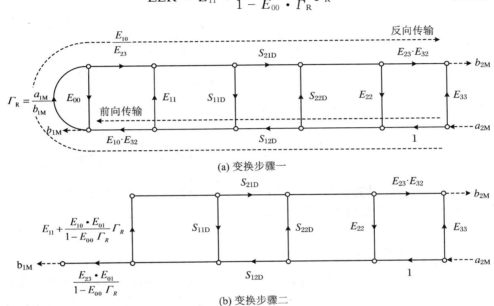

(a) 变换步骤一

(b) 变换步骤二

**图 6.14　8 项误差模型变换为反向测试的 5 项误差模型**

式中，$\Gamma_R$ 为反向负载反射系数，其表达式为

$$\Gamma_R = \frac{a_{1M}}{b_{1M}} \tag{6.15}$$

结合式(6.13)和式(6.14)，就构成了 10 项误差模型和 8 项误差模型的转换关系。

# 6.3　校准与误差修正

## 6.3.1　单端口 SOL 校准

在进行单端口微波器件测试时，只需要进行一次前向测量。由于 DUT 只有一个端口,那么前向测量误差模型可以简化为图6.15的形式。

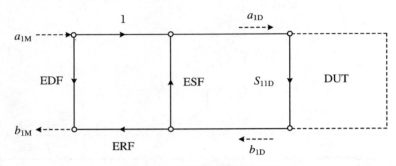

**图6.15　单端口测量误差模型**

结合图6.15和式(6.7),可以得到单端口器件$S_{11D}$的计算公式为

$$S_{11D} = \frac{\dfrac{S_{11M} - \text{EDF}}{\text{ERF}}}{1 + \text{ESF} \cdot \dfrac{S_{11M} - \text{EDF}}{\text{ERF}}} = \frac{S_{11M} - \text{EDF}}{\text{ERF} + \text{ESF} \cdot (S_{11M} - \text{EDF})} \tag{6.16}$$

为了通过$S_{11M}$计算出$S_{11D}$,就需要获得误差项的值。获得误差项值的过程就是校准过程,下面将介绍单端口的SOL校准过程。

### 1. 校准过程

SOL校准中的"S""O""L"分别代表校准过程的三个测试状态,"S"代表使用短路(Short)标准件连接测试端口,"O"代表使用开路(Open)标准件连接测试端口,"L"代表使用负载(Load)标准件连接测试端口。"S""O""L"三个测试状态对应的信号流图,如图6.16所示。

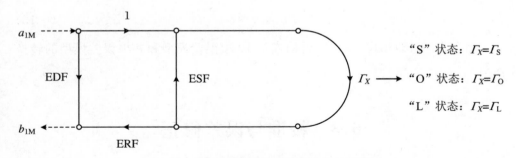

**图6.16　"S""O""L"测试状态对应的信号流图**

图6.16中,$\Gamma_S$代表连接短路标准件时的反射系数,$\Gamma_O$代表连接开路标准件时的反射系数,$\Gamma_L$代表连接负载标准件时的反射系数。通过三种测试状态,可以得到三个方程:

$$S_{11}M_{\mathrm{S}} = \mathrm{EDF} + \frac{\mathrm{ERF} \cdot \Gamma_{\mathrm{S}}}{1 - \mathrm{ESF} \cdot \Gamma_{\mathrm{S}}}$$

$$S_{11}M_{\mathrm{O}} = \mathrm{EDF} + \frac{\mathrm{ERF} \cdot \Gamma_{\mathrm{O}}}{1 - \mathrm{ESF} \cdot \Gamma_{\mathrm{O}}}$$

$$S_{11}M_{\mathrm{L}} = \mathrm{EDF} + \frac{\mathrm{ERF} \cdot \Gamma_{\mathrm{L}}}{1 - \mathrm{ESF} \cdot \Gamma_{\mathrm{L}}} \qquad (6.17)$$

式中，$S_{11}M_{\mathrm{S}}$，$S_{11}M_{\mathrm{O}}$ 和 $S_{11}M_{\mathrm{L}}$ 分别代表三种状态下 $S_{11}$ 的测量值。

对式(6.17)进行化简,可以得到

$$\mathrm{EDF} + S_{11}M_{\mathrm{S}}\Gamma_{\mathrm{S}} \cdot \mathrm{ESF} + \Gamma_{\mathrm{S}}(\mathrm{ERF} - \mathrm{EDF} \cdot \mathrm{ESF}) = S_{11}M_{\mathrm{S}}$$

$$\mathrm{EDF} + S_{11}M_{\mathrm{O}}\Gamma_{\mathrm{O}} \cdot \mathrm{ESF} + \Gamma_{\mathrm{O}}(\mathrm{ERF} - \mathrm{EDF} \cdot \mathrm{ESF}) = S_{11}M_{\mathrm{O}}$$

$$\mathrm{EDF} + S_{11}M_{\mathrm{L}}\Gamma_{\mathrm{L}} \cdot \mathrm{ESF} + \Gamma_{\mathrm{L}}(\mathrm{ERF} - \mathrm{EDF} \cdot \mathrm{ESF}) = S_{11}M_{\mathrm{L}} \qquad (6.18)$$

式(6.18)可以写成矩阵形式

$$\begin{bmatrix} 1 & S_{11}M_{\mathrm{S}}\Gamma_{\mathrm{S}} & \Gamma_{\mathrm{S}} \\ 1 & S_{11}M_{\mathrm{O}}\Gamma_{\mathrm{O}} & \Gamma_{\mathrm{O}} \\ 1 & S_{11}M_{\mathrm{L}}\Gamma_{\mathrm{L}} & \Gamma_{\mathrm{L}} \end{bmatrix} \cdot \begin{bmatrix} \mathrm{EDF} \\ \mathrm{ESF} \\ \mathrm{ERF} - \mathrm{EDF} \cdot \mathrm{ESF} \end{bmatrix} = \begin{bmatrix} S_{11}M_{\mathrm{S}} \\ S_{11}M_{\mathrm{O}} \\ S_{11}M_{\mathrm{L}} \end{bmatrix} \qquad (6.19)$$

进一步可以得到误差项的计算公式为

$$\begin{bmatrix} \mathrm{EDF} \\ \mathrm{ESF} \\ \mathrm{ERF} - \mathrm{EDF} \cdot \mathrm{ESF} \end{bmatrix} = \begin{bmatrix} 1 & S_{11}M_{\mathrm{S}}\Gamma_{\mathrm{S}} & \Gamma_{\mathrm{S}} \\ 1 & S_{11}M_{\mathrm{O}}\Gamma_{\mathrm{O}} & \Gamma_{\mathrm{O}} \\ 1 & S_{11}M_{\mathrm{L}}\Gamma_{\mathrm{L}} & \Gamma_{\mathrm{L}} \end{bmatrix}^{-1} \cdot \begin{bmatrix} S_{11}M_{\mathrm{S}} \\ S_{11}M_{\mathrm{O}} \\ S_{11}M_{\mathrm{L}} \end{bmatrix} \qquad (6.20)$$

下面通过 CST 仿真,对单端口 SOL 校准过程进行模拟。由于单端口测试只需要进行前向测试,参考图 6.2 的三接收机测试架构,可以在 Design studio 中建立前向测试的仿真模型,如图 6.17 所示。

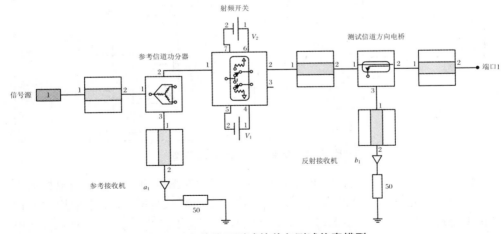

**图 6.17  单端口测试的前向测试仿真模型**

图 6.17 中,参考信道功分器对应的电路模型如图 6.18 所示,功分器的工作原

理可以参见 6.1.1 节的介绍。

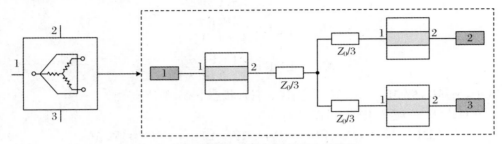

**图 6.18　参考信道功分器电路仿真模型**

　　图 6.17 中，射频开关对应的电路模型如图 6.19 所示。当在端口 4 和 5 之间施加 1 V 电压并且在端口 6 和 7 之间施加 0 V 电压时，端口 1 和 2 之间形成通路，端口 3 的输入信号将进入匹配负载；当在端口 6 和 7 之间施加 1 V 电压并且在端口 4 和 5 之间施加 0 V 电压时，端口 1 和 3 之间形成通路，端口 2 的输入信号将进入匹配负载。

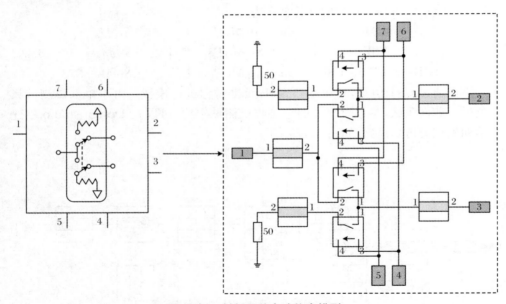

**图 6.19　射频开关电路仿真模型**

　　图 6.17 中，测试信道方向电桥对应的电路模型如图 6.20 所示，方向电桥的工作原理可以参见 6.2.2 节的介绍。为了反映真实的测试情况，模型中使用的方向电桥不是理想电桥，而是在端口 1 和 3 之间具有一定的功率泄露。模型中方向电桥的 $S$ 参数如图 6.21 所示。可以看出，方向电桥端口 1 和端口 3 之间的隔离度为 31.1 dB。

　　在图 6.17 的前向测试仿真模型中，为了引起前向源失配误差，将端口 1 的阻抗设置为 55 Ω,而传输线的特性阻抗为标准的 50 Ω。

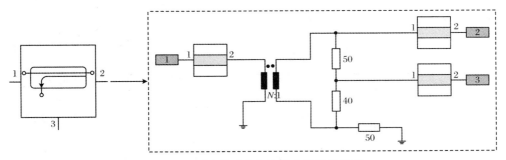

图 6.20　测试信道方向电桥电路仿真模型

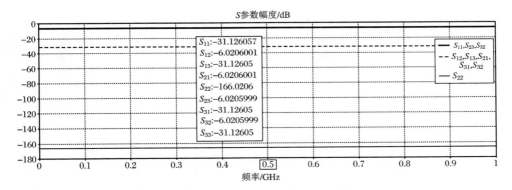

图 6.21　测试信道方向电桥的 S 参数

在图 6.17 的模型中,有两个 probe,probe 的作用是监测线路上的电压。因此,probe $a_1$ 可以起到参考接收机的作用,probe $b_1$ 可以起到反射接收机的作用。

为了进行校准,还需要建立标准件的模型。短路标准件的模型,如图 6.22 所示,其 S 参数如图 6.23 所示。开路标准件的模型,如图 6.24 所示,其 S 参数如图 6.25 所示。负载标准件的模型,如图 6.26 所示,其 S 参数如图 6.27 所示。

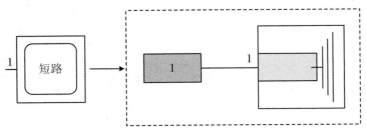

图 6.22　短路标准件仿真模型

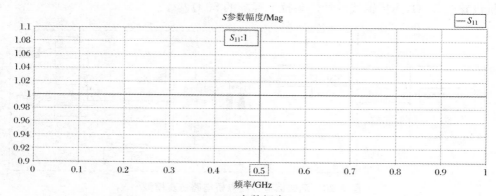

(a) S参数幅度

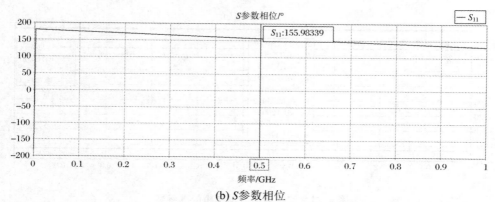

(b) S参数相位

**图 6.23　短路标准件 S 参数**

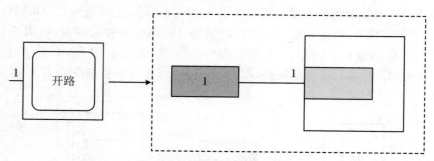

**图 6.24　开路标准件仿真模型**

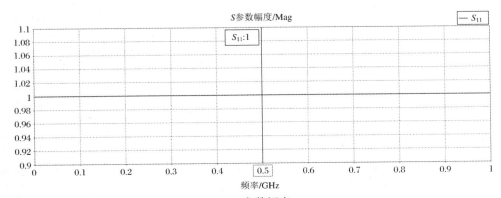

(a) S参数幅度

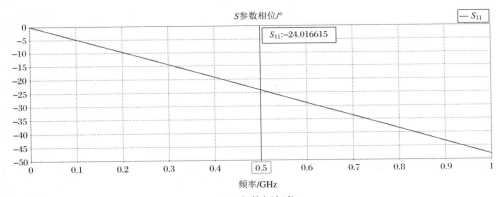

(b) S参数幅相位

**图 6.25   开路标准件 S 参数**

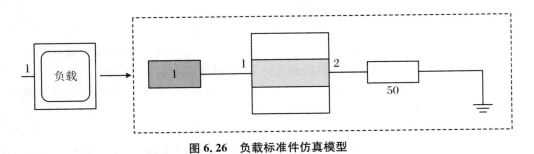

**图 6.26   负载标准件仿真模型**

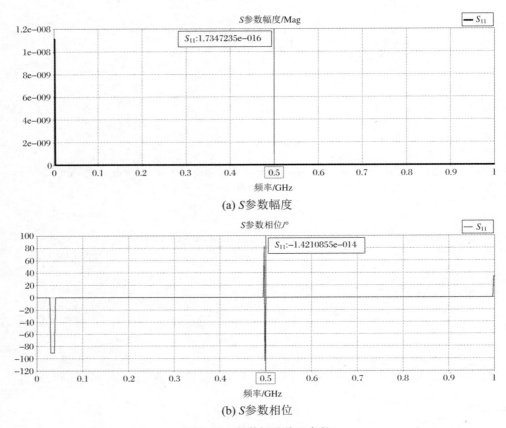

(a) S参数幅度

(b) S参数相位

**图 6.27　负载标准件 S 参数**

接下来,就可以使用上面建立的仿真模型,进行 SOL 校准。

（1）"S"校准状态

"S"校准状态的仿真模型,如图 6.28 所示。在模型中,将短路标准件端接在前向测试仿真模型的端口 1 上。模型通过仿真,可以在 probe $a_1$ 处获得 $a_{1M}$ 的值,在 probe $a_2$ 处获得 $b_{1M}$ 的值,利用式(6.1)就可以计算得到 $S_{11}M_s$。$S_{11}M_s$ 的计算值如图 6.29 所示。

（2）"O"校准状态

"O"校准状态的仿真模型,如图 6.30 所示。在模型中,将开路标准件端接在前向测试仿真模型的端口 1 上。计算得到的 $S_{11}M_O$ 如图 6.31 所示。

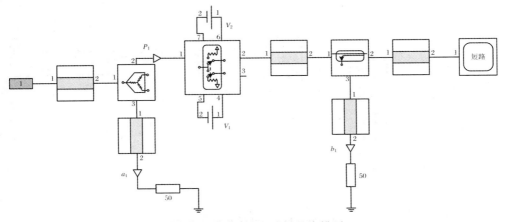

图 6.28 "S"校准状态的仿真模型

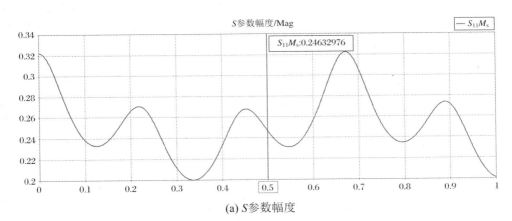

(a) S参数幅度

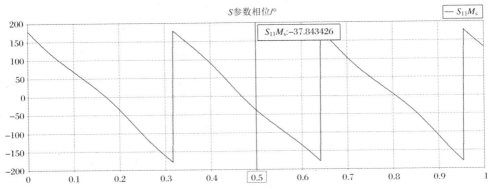

(b) S参数相位

图 6.29 $S_{11}M_s$ 的计算结果

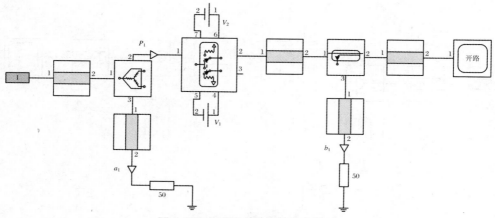

**图 6.30　"O"校准状态的仿真模型**

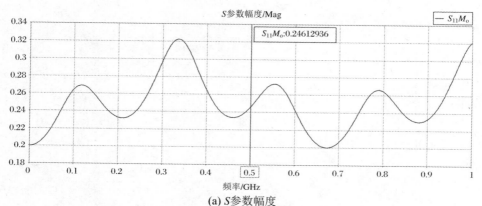

(a) $S$参数幅度

(b) $S$参数相位

**图 6.31　$S_{11}M_o$的计算结果**

（3）"L"校准状态

"L"校准状态的仿真模型，如图 6.32 所示。在模型中，将负载标准件端接在前向测试仿真模型的端口 1 上。计算得到的 $S_{11}M_{\mathrm{L}}$ 如图 6.33 所示。

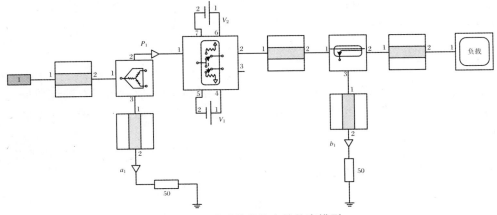

图 6.32　"L"校准状态的仿真模型

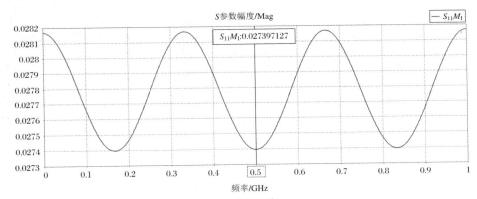

(a) $S$ 参数幅度

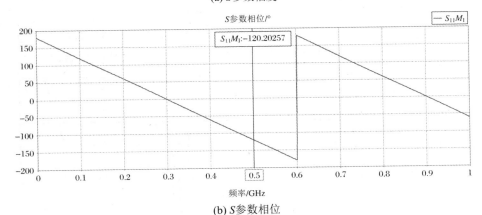

(b) $S$ 参数相位

图 6.33　$S_{11}M_{\mathrm{L}}$ 的计算结果

通过以上三步,就完成了 SOL 校准过程。至此,我们已经得到了利用式

（6.19）计算误差项所需的全部参数。将标准件的反射系数（$\Gamma_S$，$\Gamma_O$，$\Gamma_L$）和校准时获得的测试数据（$S_{11} M_S$，$S_{11} M_O$，$S_{11} M_L$）代入式（6.19），就可以计算出误差项 EDF，ESF 和 ERF 的值，3 个误差项的计算值如图 6.34 所示。

## 2. 误差修正

通过校准，已经得到了误差项的值，那么利用误差项的值就可以对测试数据进行误差修正，从而获得 DUT 的 $S$ 参数的准确值。下面将通过仿真，模拟误差修正的过程。

首先，需要建立 DUT 的仿真模型，如图 6.35 所示。模型中有三段传输线，每段传输线的阻抗都不一样，形成了阶梯式的阻抗分布。

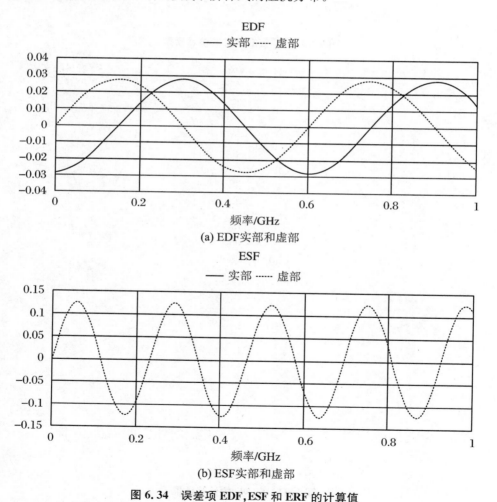

(a) EDF实部和虚部

(b) ESF实部和虚部

**图 6.34　误差项 EDF，ESF 和 ERF 的计算值**

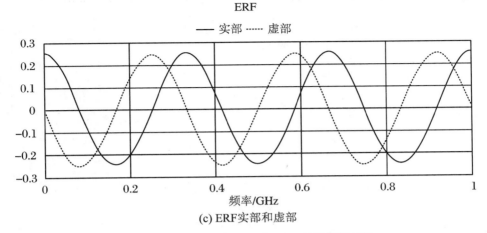

(c) ERF实部和虚部

**图 6.34 误差项 EDF,ESF 和 ERF 的计算值(续)**

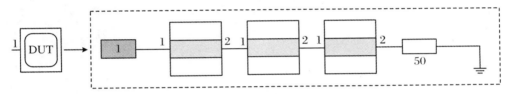

**图 6.35 单端口 DUT 的仿真模型**

将 DUT 端接到前向测试仿真模型的端口 1 上,如图 6.36 所示。计算得到的 $S_{11}M$ 如图 6.37 所示。

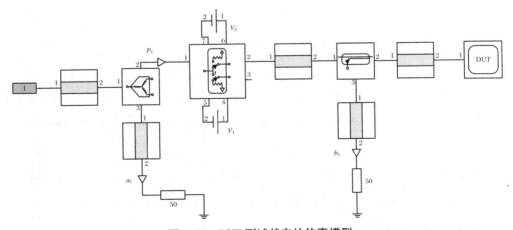

**图 6.36 DUT 测试状态的仿真模型**

利用 $S_{11}M$ 和前面校准得到的误差项,使用式(6.16)就可以计算出 DUT 的 $S$ 参数 $S_{11}D$,如图 6.38 所示。从图中可以看出,通过 SOL 校准进行误差修正得到的 $S_{11}D$,与 CST 直接仿真 DUT 模型得到的 $S_{11}D$,二者的计算结果完全一致。由此可见,对于单端口测试,通过 SOL 校准和误差修正,可以获得 DUT 准确的 $S$ 参数。

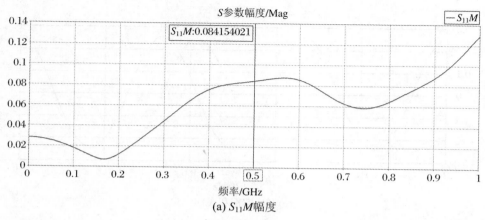

(a) $S_{11}M$ 幅度

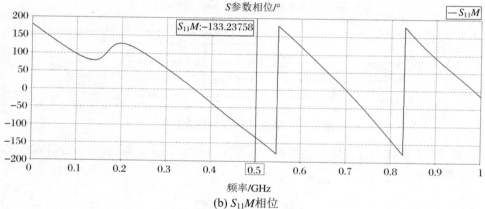

(b) $S_{11}M$ 相位

**图 6.37　$S_{11}M$ 的计算结果**

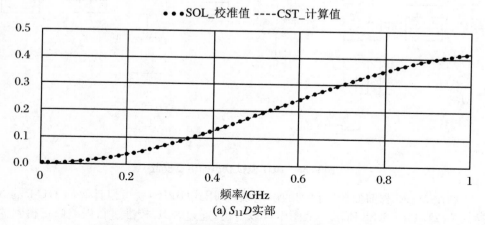

(a) $S_{11}D$ 实部

**图 6.38　通过单端口误差修正得到的 DUT 的 $S$ 参数**

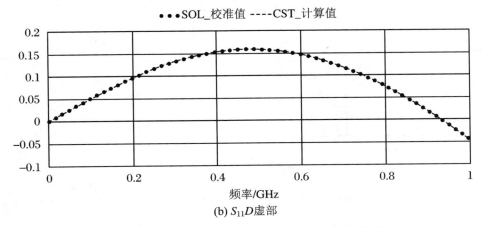

(b) $S_{11}D$ 虚部

**图 6.38　通过单端口误差修正得到的 DUT 的 $S$ 参数（续）**

## 6.3.2　双端口 SOLT 校准

对于双端口器件,需要进行一次前向测量和一次反向测量,从而获得完整的 $S$ 参数的测量值。如果使用 12 项误差模型,只要获得了误差项的值,就可以通过式 (6.7) 计算出 DUT 的 $S$ 参数。SOLT 校准就是获得 12 个误差项值的过程。

### 1. 校准过程

SOLT 的校准过程是,对两个测试端口分别进行 SOL 校准,再对两个端口之间进行"T"校准("T"代表 through,即两个端口之间是直通状态）。两个端口各自的 SOL 校准,主要获取 EDF,ERF,ESF,EDR,ERR 和 ESR 这 6 个误差项的值。两个端口之间的"T"校准,主要获取 ETF,ELF,ETR 和 ELR 这 4 个误差项。对于现代矢量网络分析仪,可以认为 EXF 和 EXR 两个误差项为 0。

"T"校准的直通状态,通常分为"flush 直通""已知直通"和"未知直通"3 种状态。为了表述方便,本节将选用"flush 直通"进行详细论述。"flush 直通",就是将两个测试端口进行直连,此时的前向测试信号流图和反向测试信号流图,如图 6.39 所示。

将前向测试和反向测试信号流图进行化简,可以得到图 6.40。

利用图 6.40,可以得到误差项 ETF,ELF,ETR 和 ELR 的计算公式为

$$\mathrm{ELF} = \frac{S_{11} N_{\mathrm{TF}}}{1 + S_{11} N_{\mathrm{TF}} \cdot \mathrm{ESF}}$$

$$\mathrm{ETF} = S_{21} M_{\mathrm{TF}} (1 - \mathrm{ESF} \cdot \mathrm{ELF})$$

$$\mathrm{ELR} = \frac{S_{22} N_{\mathrm{TF}}}{1 + S_{22} N_{\mathrm{TF}} \cdot \mathrm{ESR}}$$

$$\mathrm{ETR} = S_{12}M_{\mathrm{TF}}(1 - \mathrm{ESR} \cdot \mathrm{ELR}) \tag{6.21}$$

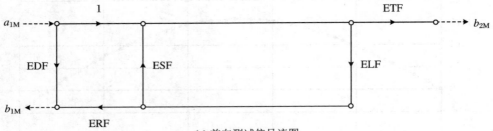

(a) 前向测试信号流图

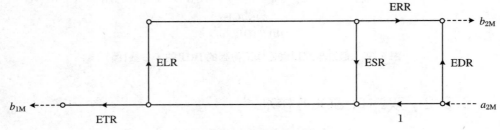

(b) 反向测试信号流图

**图 6.39　"flush 直通"校准状态的信号流图**

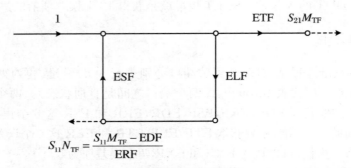

(a) 前向测试信号流图化简

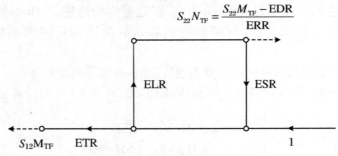

(b) 反向测试信号流图化简

**图 6.40　"flush 直通"校准状态信号流图的化简**

式中，$S_{21} M_{TF}$ 和 $S_{12} M_{TF}$ 代表"flush 直通"状态下 $S_{21}$ 和 $S_{12}$ 的测量值。式中，$S_{11} N_{TF}$ 和 $S_{22} N_{TF}$ 的表达式为

$$S_{11} N_{TF} = \frac{S_{11} M_{TF} - \text{EDF}}{\text{ERF}}$$

$$S_{22} N_{TF} = \frac{S_{22} M_{TF} - \text{EDR}}{\text{ERR}} \tag{6.22}$$

其中，$S_{11} M_{TF}$ 和 $S_{22} M_{TF}$ 代表"flush 直通"状态下 $S_{11}$ 和 $S_{22}$ 的测量值。

　　下面通过 CST 仿真，对双端口 SOLT 校准过程进行模拟。参考图 6.2 的三接收机测试架构，可以在 Design studio 中建立完整的矢量网络分析仪前向测试和反向测试的仿真模型，如图 6.41 所示。模型中的射频开关用来实现前向测试和反向测试的切换，当射频开关的电压 $V_1 = 1$，$V_2 = 0$ 时，激励信号输入端口 1，矢网进行前向测试，此时参考接收机获取的是 $a_1$ 信号；当射频开关的电压 $V_1 = 0$，$V_2 = 1$ 时，激励信号输入端口 2，矢网进行反向测试，此时参考接收机获取的是 $a_2$ 信号。

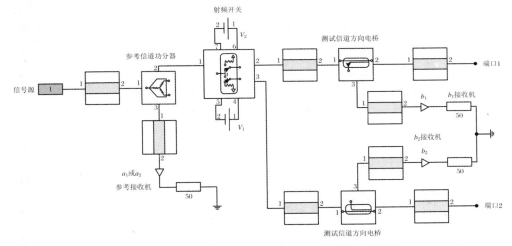

**图 6.41　矢量网络分析仪三接收机测试架构仿真模型**

双端口 SOLT 校准的具体过程如下：

（1）"SOL"校准状态

　　此处的校准过程与单端口 SOL 校准方法一致，不同之处在于，需要对端口 1 和端口 2 分别进行 SOL 校准。端口 1 和端口 2 进行 SOL 校准的全部仿真模型如图 6.42 所示。

　　将双端口 SOL 校准获得的测试数据（$S_{11} M_S$，$S_{11} M_O$，$S_{11} M_L$，$S_{22} M_S$，$S_{22} M_O$，$S_{22} M_L$）和标准件的反射系数（$\Gamma_S$，$\Gamma_O$，$\Gamma_L$）代入式（6.20），就可以计算出误差项 EDF，ESF，ERF，EDR，ESR 和 ERR 的值，这 6 个误差项的计算结果如图 6.43 所示。

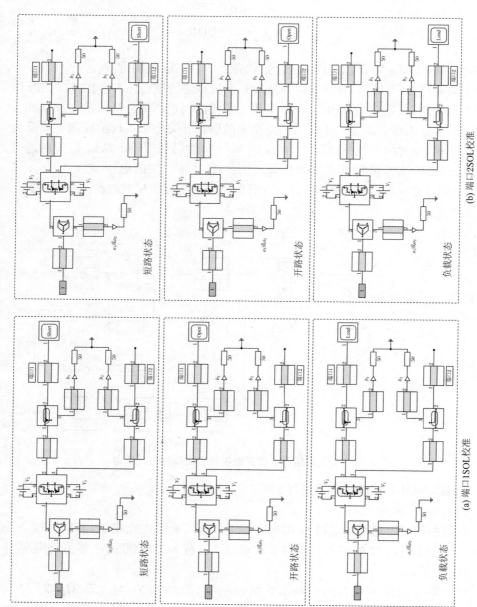

(a) 端口1SOL校准

(b) 端口2SOL校准

**图 6.42 端口 1 和端口 2 进行 SOL 校准的全部仿真模型**

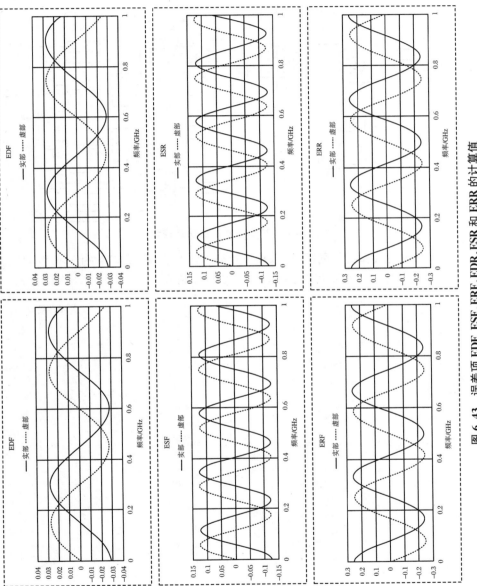

图 6.43 误差项 EDF,ESF,ERF,EDR,ESR 和 ERR 的计算值

（2）"T"校准状态

由于本节的"T"校准状态主要讨论"flush 直通"，所以"T"校准状态的仿真模型如图 6.44 所示。在模型中，用信号线将端口 1 和端口 2 直接联通，从而构成"flush 直通"。

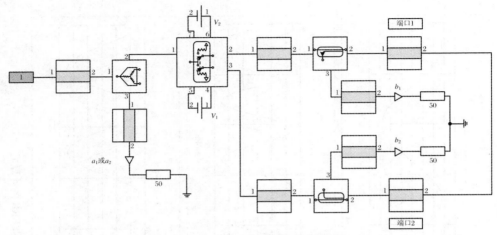

**图 6.44　"T"校准状态的仿真模型**

通过前向测试和反向测试，可以计算得到"flush 直通"状态下的 $S$ 参数测试数据$S_{11}M_{TF}$，$S_{21}M_{TF}$，$S_{12}M_{TF}$ 和 $S_{22}M_{TF}$，计算结果如图 6.45 所示。

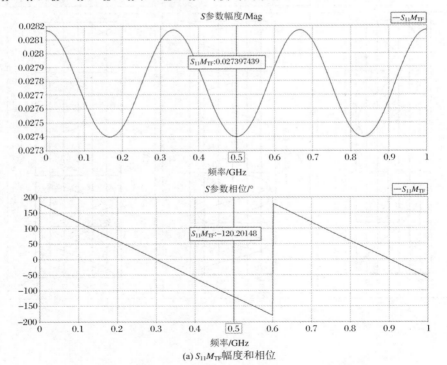

(a) $S_{11}M_{TF}$幅度和相位

**图 6.45　$S_{11}M_{TF}$，$S_{21}M_{TF}$，$S_{12}M_{TF}$ 和 $S_{22}M_{TF}$的计算结果**

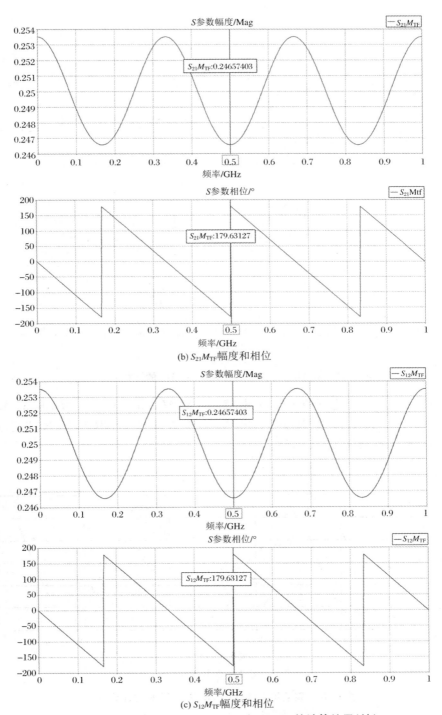

图 6.45 $S_{11}M_{TF}$, $S_{21}M_{TF}$, $S_{12}M_{TF}$ 和 $S_{22}M_{TF}$ 的计算结果(续)

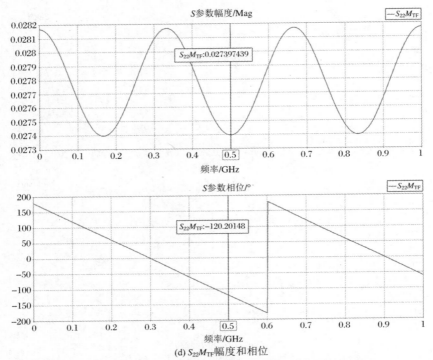

(d) $S_{22}M_{TF}$幅度和相位

**图 6.45** $S_{11}M_{TF}$，$S_{21}M_{TF}$，$S_{12}M_{TF}$ 和 $S_{22}M_{TF}$ 的计算结果（续）

将"flush 直通"状态下的 $S$ 参数测试数据（$S_{11}M_{TF}$，$S_{21}M_{TF}$，$S_{12}M_{TF}$ 和 $S_{22}M_{TF}$）代入式(6.21)和(6.22)，就可以计算出误差项 ETF，ELF，ETR 和 ELR 的值，这 4 个误差项的计算结果如图 6.46 所示。

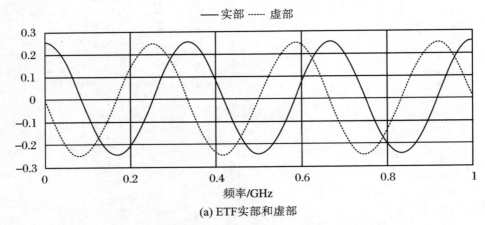

(a) ETF实部和虚部

**图 6.46** 误差项 ETF，ELF，ETR 和 ELR 的计算值

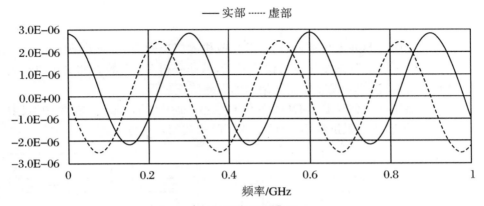

(b) ELF实部和虚部

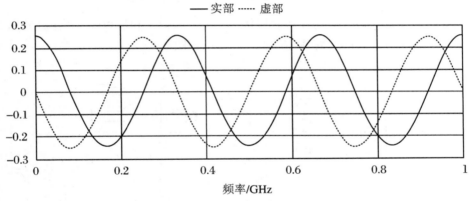

(c) ETF实部和虚部

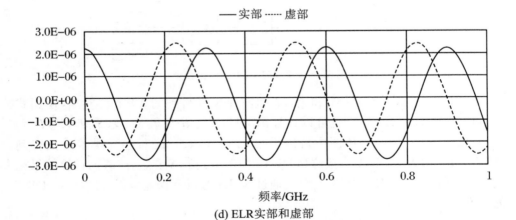

(d) ELR实部和虚部

图 6.46　误差项 ETF, ELF, ETR 和 ELR 的计算值(续)

## 2. 误差修正

前面已经通过 SOLT 校准,获得了 3 接收机测试架构 10 个误差项的值。利用误差项的值就可以对测试数据进行误差修正,从而获得 DUT 的 $S$ 参数的准确值。下面将通过仿真,模拟 3 接收器测试架构的误差修正过程。

首先需要建立一个双端口 DUT 的仿真模型,如图 6.47 所示。模型中有四段传输线,每段传输线的阻抗都不一样,形成了阶梯式的阻抗分布。

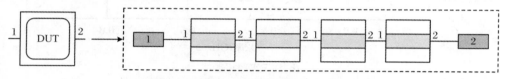

**图 6.47 双端口 DUT 测试状态的仿真模型**

将双端口器件 DUT2 与 3 接收机仿真模型的端口 1 和端口 2 连接,如图 6.48 所示。计算得到的 $S_{11}M$,$S_{21}M$,$S_{12}M$ 和 $S_{22}M$ 如图 6.49 所示。

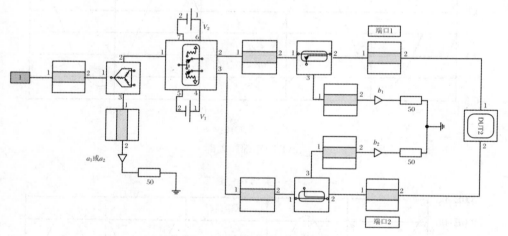

**图 6.48 双端口 DUT 的测试模型**

利用 $S_{11}M$,$S_{21}M$,$S_{12}M$ 和 $S_{22}M$ 和前面校准得到的 10 个误差项,使用式 (6.4),式(6.6)和式(6.7)就可以计算出 DUT2 的 $S$ 参数 $S_{11}D$,$S_{21}D$,$S_{12}D$ 和 $S_{22}D$,如图 6.50 所示。从图中可以看出,通过 SOLT 校准进行误差修正得到 DUT2 的 $S$ 参数,与 CST 直接仿真 DUT2 模型得到的 $S$ 参数,二者的计算结果完全一致。由此可见,对于双端口测试,通过 SOLT 校准和误差修正,可以获得 DUT 的准确的 $S$ 参数。

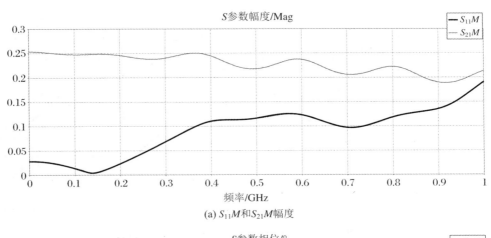

(a) $S_{11}M$ 和 $S_{21}M$ 幅度

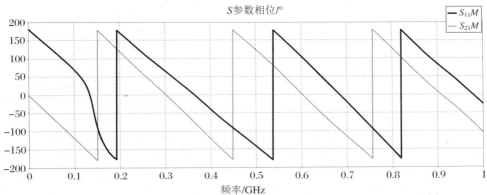

(b) $S_{11}M$ 和 $S_{21}M$ 相位

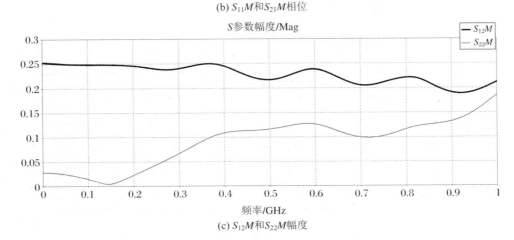

(c) $S_{12}M$ 和 $S_{22}M$ 幅度

**图 6.49    $S_{11}M, S_{21}M, S_{12}M$ 和 $S_{22}M$ 的计算结果**

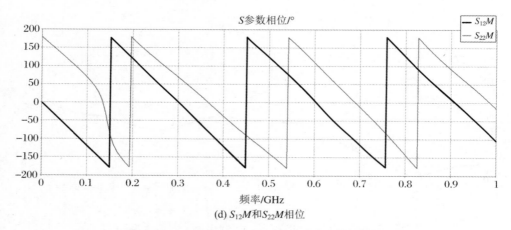

(d) $S_{12}M$和$S_{22}M$相位

**图 6.49** $S_{11}M, S_{21}M, S_{12}M$ 和 $S_{22}M$ 的计算结果(续)

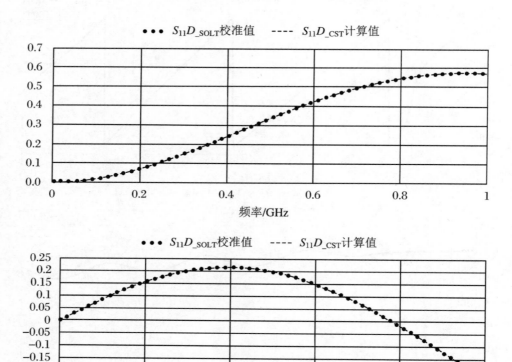

(a) $S_{11}D$实部和虚部

**图 6.50** 通过双端口误差修正得到的 DUT2 的 $S$ 参数

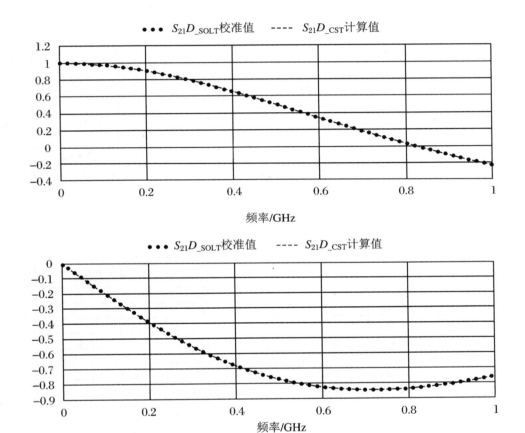

(b) $S_{21}D$实部和虚部

图 6.50 通过双端口误差修正得到的 DUT2 的 $S$ 参数(续)

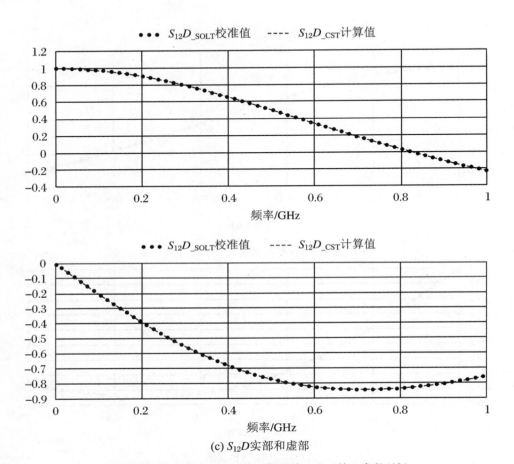

(c) $S_{12}D$实部和虚部

图 6.50　通过双端口误差修正得到的 DUT2 的 $S$ 参数(续)

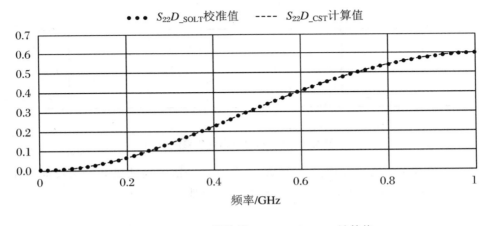

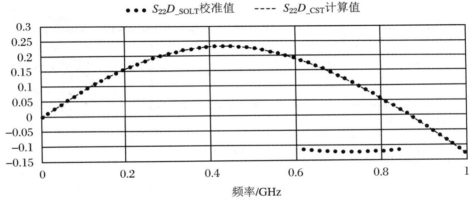

(d) $S_{22}D$ 实部和虚部

**图 6.50　通过双端口误差修正得到的 DUT2 的 $S$ 参数(续)**

## 6.3.3　双端口 TRL 校准

前一节介绍的 SOLT 校准适用于 12 项误差模型,而对于另一种较为常用的 8 项误差模型,使用 TRL 校准则更为合适。

所谓 TRL 校准,是指在校准过程中测试端口 1 和端口 2 之间实现"T""R"和"L"三种测试状态。"T"(Through)代表端口 1 和端口 2 之间实现直连状态,"R"(Reflect)代表端口 1 和端口 2 之间实现反射状态,"L"(Line)代表端口 1 和端口 2 之间实现传输线状态。

(1)"T"校准状态

在图 6.11 所示的 8 项误差模型的基础上,端口 1 和端口 2 直连状态下的信号流图如图 6.51 所示。

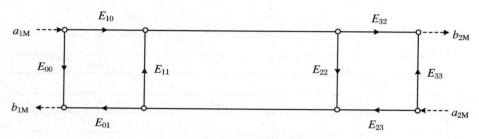

**图 6.51　"T"校准状态的信号流图**

为了获得此状态下完成的 S 参数，需要进行一次前向测试和一次反向测试。将图 6.51 化简成前向测试的信号流图，化简过程如图 6.52 所示。

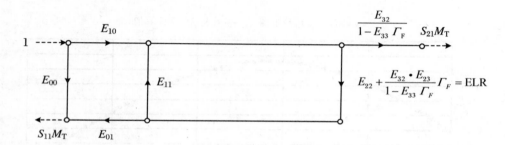

(a) 化简步骤一

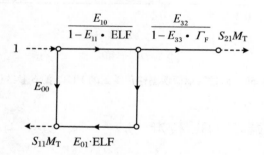

(b) 化简步骤二

**图 6.52　"T"校准状态，前向测试信号流图的化简过程**

同理，可以化简得到反向测试的信号流图，如图 6.53 所示。

图中的 $\Gamma_F$ 和 $\Gamma_R$ 代表负载反射系数，其表达式参见式(6.12)和式(6.16)。利用信号流图，就可以得到"T"状态下 S 参数测量结果与误差项的关系为

$$S_{11}M_T = E_{00} + \frac{E_{10} \cdot E_{01} \cdot \text{ELF}}{1 - E_{11} \cdot \text{ELF}}$$

$$S_{21}M_T = \frac{\text{ETF}}{1 - E_{11} \cdot \text{ELF}}$$

$$S_{22}M_{\mathrm{T}} = E_{33} + \frac{E_{23} \cdot E_{32} \cdot \mathrm{ELR}}{1 - E_{22} \cdot \mathrm{ELR}}$$

$$S_{12}M_{\mathrm{T}} = \frac{\mathrm{ETR}}{1 - E_{22} \cdot \mathrm{ELR}} \tag{6.23}$$

式中，ELF，ETF，ELR 和 ETR 的表达式可以参见式(6.13)和式(6.14)。

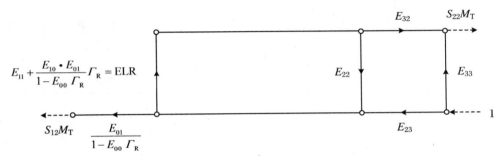

(a) 化简步骤一

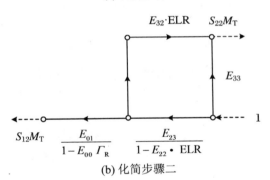

(b) 化简步骤二

**图 6.53　"T"校准状态，反向测试信号流图的化简过程**

(2) "R"校准状态

"R"校准状态是在端口 1 和端口 2 分别端接反射标准件，其对应的信号流图，如图 6.54 所示。

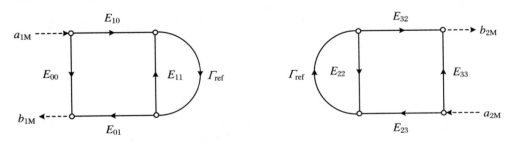

**图 6.54　"R"校准状态的信号流图**

参考式(6.17)，可以得到"R"状态下 $S$ 参数测量结果与误差项的关系为

$$S_{11}M_{\mathrm{R}} = E_{00} + \frac{E_{10} \cdot E_{01} \cdot \varGamma_{\mathrm{ref}}}{1 - E_{11} \cdot \varGamma_{\mathrm{ref}}}$$

$$S_{22}M_{\mathrm{R}} = E_{33} + \frac{E_{23} \cdot E_{32} \cdot \varGamma_{\mathrm{ref}}}{1 - E_{22} \cdot \varGamma_{\mathrm{ref}}} \tag{6.24}$$

式中，$\varGamma_{\mathrm{ref}}$代表反射标准件的反射系数，是未知数。

（3）"L"校准状态

"L"校准状态是在端口 1 和端口 2 之间连接一段传输线标准件，其对应的信号流图，如图 6.55 所示。$\mathrm{e}^{-\gamma l}$代表传输线标准件的传输系数，是未知数。

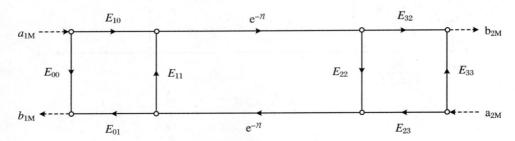

图 6.55　"L"校准状态的信号流图

图 6.55 与图 6.51 结构类似，只是增加了传输线标准件的传输系数，所以其化简过程与图 6.51 类似，化简后的前向测试信号流图和反向测试信号流图，如图 6.56 所示。

利用信号流图，就可以得到"L"状态下 $S$ 参数测量结果与误差项的关系为

$$S_{11}M_{\mathrm{L}} = E_{00} + \frac{E_{10} \cdot E_{01} \cdot \mathrm{ELF} \cdot \mathrm{e}^{-2\gamma l}}{1 - E_{11} \cdot \mathrm{ELF} \cdot \mathrm{e}^{-2\gamma l}}$$

$$S_{21}M_{\mathrm{L}} = \frac{\mathrm{ETF} \cdot \mathrm{e}^{-\gamma l}}{1 - E_{11} \cdot \mathrm{ELF} \cdot \mathrm{e}^{-2\gamma l}}$$

$$S_{22}M_{\mathrm{L}} = E_{33} + \frac{E_{23} \cdot E_{32} \cdot \mathrm{ELR} \cdot \mathrm{e}^{-2\gamma l}}{1 - E_{22} \cdot \mathrm{ELR} \cdot \mathrm{e}^{-2\gamma l}}$$

$$S_{12}M_{\mathrm{L}} = \frac{\mathrm{ETR} \cdot \mathrm{e}^{-\gamma l}}{1 - E_{22} \cdot \mathrm{ELR} \cdot \mathrm{e}^{-2\gamma l}} \tag{6.25}$$

综合式（6.23）～式（6.25），可以得到包含全部误差项的方程组：

$$S_{11}M_{\mathrm{T}} = E_{00} + \frac{E_{10} \cdot E_{01} \cdot \mathrm{ELF}}{1 - E_{11} \cdot \mathrm{ELF}}$$

$$S_{21}M_{\mathrm{T}} = \frac{E_{10} \cdot E_{32}}{(1 - E_{11} \cdot \mathrm{ELF}) \cdot (1 - E_{33} \cdot \varGamma_{\mathrm{F}})}$$

$$S_{22}M_{\mathrm{T}} = E_{33} + \frac{E_{23} \cdot E_{32} \cdot \mathrm{ELR}}{1 - E_{22} \cdot \mathrm{ELR}}$$

$$S_{12}M_{\mathrm{T}} = \frac{E_{23} \cdot E_{01}}{(1 - E_{22} \cdot \mathrm{ELR}) \cdot (1 - E_{00} \cdot \varGamma_{\mathrm{R}})}$$

$$S_{11}M_{\mathrm{R}} = E_{00} + \frac{E_{10} \cdot E_{01} \cdot \Gamma_{\mathrm{ref}}}{1 - E_{11} \cdot \Gamma_{\mathrm{ref}}}$$

$$S_{22}M_{\mathrm{R}} = E_{33} + \frac{E_{23} \cdot E_{32} \cdot \Gamma_{\mathrm{ref}}}{1 - E_{22} \cdot \Gamma_{\mathrm{ref}}}$$

$$S_{11}M_{\mathrm{L}} = E_{00} + \frac{E_{10} \cdot E_{01} \cdot \mathrm{ELF} \cdot \mathrm{e}^{-2\gamma l}}{1 - E_{11} \cdot \mathrm{ELF} \cdot \mathrm{e}^{-2\gamma l}}$$

$$S_{21}M_{\mathrm{L}} = \frac{E_{10} \cdot E_{32} \cdot \mathrm{e}^{-\gamma l}}{(1 - E_{11} \cdot \mathrm{ELF} \cdot \mathrm{e}^{-2\gamma l}) \cdot (1 - E_{33} \cdot \Gamma_{\mathrm{F}})}$$

$$S_{22}M_{\mathrm{L}} = E_{33} + \frac{E_{23} \cdot E_{32} \cdot \mathrm{ELR} \cdot \mathrm{e}^{-2\gamma l}}{1 - E_{22} \cdot \mathrm{ELR} \cdot \mathrm{e}^{-2\gamma l}}$$

$$S_{12}M_{\mathrm{L}} = \frac{E_{23} \cdot E_{01} \cdot \mathrm{e}^{-\gamma l}}{(1 - E_{22} \cdot \mathrm{ELR} \cdot \mathrm{e}^{-2\gamma l}) \cdot (1 - E_{00} \cdot \Gamma_{\mathrm{R}})}$$

$$\mathrm{ELF} = E_{22} + \frac{E_{32} \cdot E_{23}}{1 - E_{33} \cdot \Gamma_{\mathrm{F}}} \Gamma_{\mathrm{F}}$$

$$\mathrm{ELR} = E_{11} + \frac{E_{10} \cdot E_{01}}{1 - E_{00} \cdot \Gamma_{\mathrm{R}}} \Gamma_{\mathrm{R}} \qquad (6.26)$$

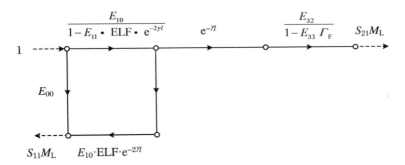

(a) 化简后的前向测试信号流图

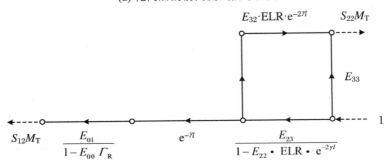

(b) 化简后的反向测试信号流图

**图 6.56　"L"校准状态,化简后的前向测试和反向测试信号流图**

式(6.26)的方程组中,共有 12 个方程,包含 10 个未知数(8 个误差项、1 个反射标准件的反射系数和 1 个传输线标准件的传输系数)。只要求解方程组,就可以获得 8 项误差模型的全部误差项。由于方程组的求解过程十分复杂,本书就不再进行详细论述。

在获得 8 项误差模型的全部误差项后,利用式(6.13)和式(6.14)就可以通过 8 项误差模型的误差项计算出 12 项误差模型的误差项。然后,再使用 12 误差模型的误差项和对 DUT 测试得到的 $S$ 参数测量值,根据式(6.7)就可以进行误差修正,从而获得 DUT 的 $S$ 参数的准确值。

# 6.4　去嵌入技术

在实际工作中,经常会使用不具有标准测试接口(矢量网络分析的常用测试接口包括 N 形接口或 SMA 接口)的微波器件。为了获得这类微波器件的 $S$ 参数,也需要使用矢量网络分析仪对其进行测试,然而在测试过程中,为了实现非标接口与标准测试接口的连接,需要使用测试夹具作为过渡连接。在这种情况下,矢网测量获得的 $S$ 参数包括了测试夹具的微波特性,此时 $S$ 参数的测量值并不能反映待测微波器件的真实性能。

为了解决这一问题,就需要使用测试夹具的去嵌入技术。

## 6.4.1　去嵌入原理

对于使用测试夹具的双端口微波系统,其通用的测试结构如图 6.57 所示。DUT 通过测试夹具 1 和测试夹具 2 转化成标准测试接口,并在标准测试接口处构成测试端面,矢网在测试端面测量整个结构的 $S$ 参数。通常情况下,测试夹具 1 和测试夹具 2 的结构可以不同,即二者的微波性能也可以不同。

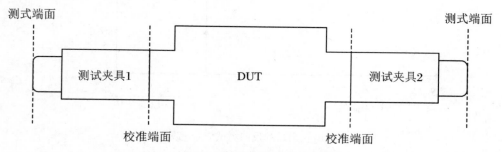

**图 6.57　使用测试夹具的双端口测试系统**

图 6.57 由测试夹具 1、DUT 和测试夹具 2 三者级联构成,对于级联系统,使用

$T$ 参数描述更为方便,系统的 $T$ 参数关系可以表述为

$$[\boldsymbol{T}]_{\text{M}} = [\boldsymbol{T}]_{\text{fix1}} \cdot [\boldsymbol{T}]_{\text{DUT}} \cdot [\boldsymbol{T}]_{\text{fix2}} \tag{6.27}$$

式中,$[\boldsymbol{T}]_{\text{M}}$ 代表整个结构在测试端面的 $T$ 参数,$[\boldsymbol{T}]_{\text{DUT}}$ 代表 DUT 的 $T$ 参数,$[\boldsymbol{T}]_{\text{fix1}}$ 和 $[\boldsymbol{T}]_{\text{fix2}}$ 代表测试夹具 1 和测试夹具 2 的 $T$ 参数。

在式(6.27)中,$[\boldsymbol{T}]_{\text{M}}$ 可以通过矢网测量得到,如果通过某种方法获得了 $[\boldsymbol{T}]_{\text{fix1}}$ 和 $[\boldsymbol{T}]_{\text{fix2}}$ 的值,就可以计算出 DUT 的 $T$ 参数

$$[\boldsymbol{T}]_{\text{DUT}} = [\boldsymbol{T}]_{\text{fix1}}{}^{-1} \cdot [\boldsymbol{T}]_{\text{M}} \cdot [\boldsymbol{T}]_{\text{fix2}}{}^{-1} \tag{6.28}$$

式(6.28)就表述了测试夹具的去嵌入原理,在去嵌入过程中,如何获得 $[\boldsymbol{T}]_{\text{fix1}}$ 和 $[\boldsymbol{T}]_{\text{fix2}}$ 是解决问题的关键。

## 6.4.2　TRL 测试

TRL 测试是获取测试夹具 $T$ 参数的一种有效手段。与上一节介绍的 TRL 校准类似,TRL 测试也需要测试夹具 1 和测试夹具 2 实现"T""R"和"L"三种测试状态,夹具 1 和夹具 2 之间的这三种测试状态如图 6.58 所示。需要注意的是,TRL 测试与 TRL 校准的不同之处在于,进行 TRL 测试之前,矢网在测试端口已经完成了校准,在测试端面测量得到的是每种状态下系统的准确的 $S$ 参数;而 TRL 校准过程中,矢网每次测量得到的是每种状态下各端口的入射波电压和出射波电压的关系,并不是系统真正意义上的 $S$ 参数。

由于在 TRL 测试过程中,已经获得了每种状态下准确的 $S$ 参数,利用式(6.8)可以将 $S$ 参数转换成 $T$ 参数,在后面的计算中将使用更为方便的 $T$ 参数进行分析求解。定义测试夹具 1 和测试夹具 2 的 $T$ 参数可以表示为

$$[\boldsymbol{T}]_{\text{fix1}} = d_1 \begin{bmatrix} a_1 & b_1 \\ c_1 & 1 \end{bmatrix}$$

$$[\boldsymbol{T}]_{\text{fix2}} = d_2 \begin{bmatrix} a_2 & b_2 \\ c_2 & 1 \end{bmatrix} \tag{6.29}$$

在"T"和"L"状态下,$T$ 参数的关系可以分别表示为

$$[\boldsymbol{T}]_{\text{T}} = [\boldsymbol{T}]_{\text{fix1}} \cdot [\boldsymbol{T}]_{\text{fix2}} = d_1 d_2 \begin{bmatrix} a_1 & b_1 \\ c_1 & 1 \end{bmatrix} \cdot \begin{bmatrix} a_2 & b_2 \\ c_2 & 1 \end{bmatrix}$$

$$[\boldsymbol{T}]_{\text{L}} = [\boldsymbol{T}]_{\text{fix1}} \cdot [\boldsymbol{T}]_{\text{line}} \cdot [\boldsymbol{T}]_{\text{fix2}} = d_1 d_2 \begin{bmatrix} a_1 & b_1 \\ c_1 & 1 \end{bmatrix} \cdot \begin{bmatrix} \mathrm{e}^{-\gamma l} & 0 \\ 0 & \mathrm{e}^{\gamma l} \end{bmatrix} \cdot \begin{bmatrix} a_2 & b_2 \\ c_2 & 1 \end{bmatrix}$$

$$\tag{6.30}$$

式中,$[\boldsymbol{T}]_{\text{T}}$ 代表"T"状态下测试得到的 $T$ 参数,$[\boldsymbol{T}]_{\text{L}}$ 代表"L"状态下测试得到的 $T$ 参数,$[\boldsymbol{T}]_{\text{line}}$ 为传输线标准件的 $T$ 参数,其表达式为

$$[\boldsymbol{T}]_{\text{line}} = \begin{bmatrix} \mathrm{e}^{-\gamma l} & 0 \\ 0 & \mathrm{e}^{\gamma l} \end{bmatrix} \tag{6.31}$$

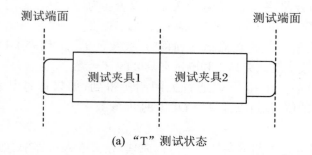

(a) "T" 测试状态

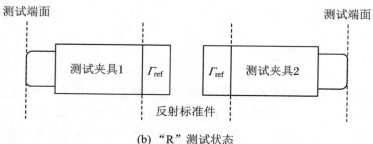

(b) "R" 测试状态

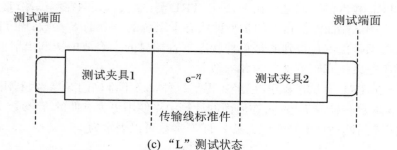

(c) "L" 测试状态

**图 6.58 测试夹具 1 和测试夹具 2 的 TRL 测试状态**

在"R"状态下，$S$ 参数的关系可以表示为

$$S_{11R} = \frac{a_1 \cdot \Gamma_{\text{ref}} + b_1}{c_1 \cdot \Gamma_{\text{ref}} + 1}$$

$$S_{22R} = \frac{a_2 \cdot \Gamma_{\text{ref}} - c_2}{- b_2 \cdot \Gamma_{\text{ref}} + 1} \tag{6.32}$$

下面尝试对式(6.30)进行化简,可以定义中间量$[\boldsymbol{T}]_{\text{TL}}$为

$$[\boldsymbol{T}]_{\text{TL}} = [\boldsymbol{T}]_{\text{T}}^{-1} \cdot [\boldsymbol{T}]_{\text{L}} \tag{6.33}$$

那么式(6.30)可以化简为

$$[\boldsymbol{T}]_{\text{fix2}} \cdot [\boldsymbol{T}]_{\text{TL}} = [\boldsymbol{T}]_{\text{line}} \cdot [\boldsymbol{T}]_{\text{fix2}} \tag{6.34}$$

另外,可以定义中间量$[\boldsymbol{T}]_{\text{LT}}$为

$$[\boldsymbol{T}]_{\text{LT}} = [\boldsymbol{T}]_{\text{L}} \cdot [\boldsymbol{T}]_{\text{T}}^{-1} \tag{6.35}$$

那么式(6.30)可以化简为

$$[T]_{\text{LT}} \cdot [T]_{\text{fix1}} = [T]_{\text{fix1}} \cdot [T]_{\text{line}} \tag{6.36}$$

对式(6.34)、式(6.36)进行展开,并结合式(6.32),就可以构建出以 $a_1$, $b_1$, $c_1$, $a_2$, $b_2$, $c_2$ 和 $d_1 d_2$ 为未知数的方程组,对方程组进行求解,就可以得到以上 7 个未知数的值。方程组的具体求解过程,本书不再进行详细论述,感兴趣的读者可以参考文献[4]。在求得以上 7 个未知数后,就可以利用式(6.28)计算得到 DUT 的 $T$ 参数,再利用式(6.8)便可以计算出 DUT 的 $S$ 参数。

## 6.4.3 模型仿真

本小节通过模型仿真,对测试夹具的去嵌入过程进行模拟。建立一个具有非标准接口的 DUT 仿真模型,如图 6.59 所示。DUT 模型中,同轴线内部放置了一块介质材料。然而,同轴线的内外导体尺寸,并非为标准的 N 形接头尺寸,所以并不能使用标准的 N 形接头对 DUT 进行直接测量。

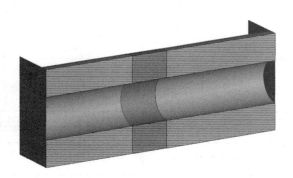

图 6.59 具有非标准接口的 DUT 仿真模型

为了对 DUT 进行测量,需要设计测试夹具将非标的同轴线尺寸转换为标准的 N 形头尺寸,为此设计的测试夹具 1 和测试夹具 2 如图 6.60 所示。夹具的一端与 DUT 的端口相匹配,另一端与标准 N 形头相匹配。测试夹具的内、外导体之间使用介质材料进行绝缘支撑,夹具 1 和夹具 2 使用的介质材料的介电常数并不相同,因此夹具 1 和夹具 2 的微波性能也不相同,二者的 $S$ 参数分别如图 6.61 所示。

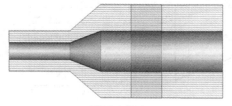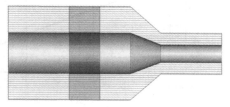

测试夹具1                    测试夹具2

图 6.60 测试夹具 1 和测试夹具 2 的仿真模型

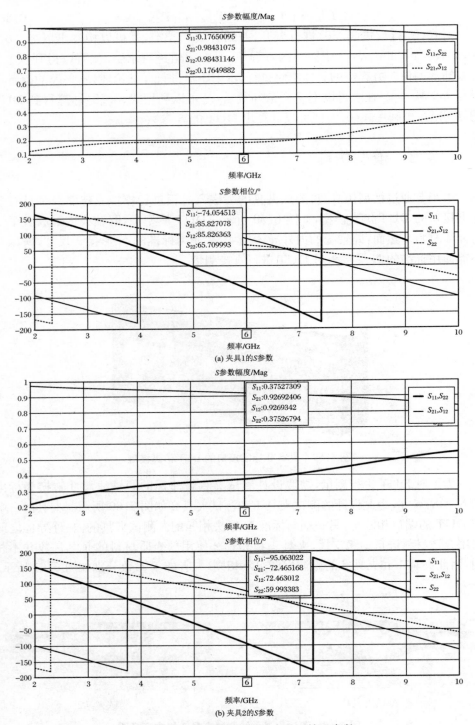

图 6.61　测试夹具 1 和测试夹具 2 的 $S$ 参数

夹具1和夹具2在"T"测试状态下的仿真模型如图6.62所示,计算得到的 $S$ 参数如图6.63所示。

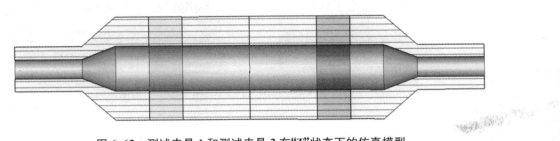

**图6.62 测试夹具1和测试夹具2在"T"状态下的仿真模型**

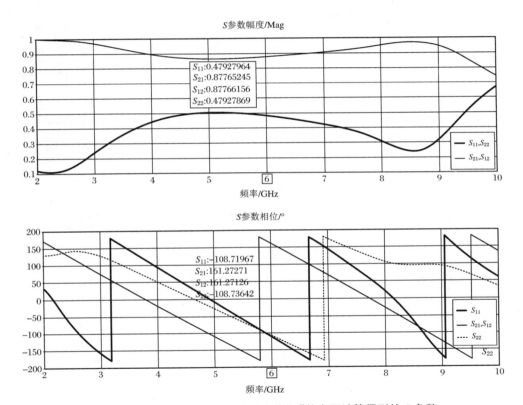

**图6.63 测试夹具1和测试夹具2在"T"状态下计算得到的 $S$ 参数**

夹具1和夹具2在"R"测试状态下的仿真模型如图6.64所示,计算得到的 $S$ 参数如图6.65所示。

夹具1和夹具2在"L"测试状态下的仿真模型如图6.66所示,计算得到的 $S$ 参数如图6.67所示。

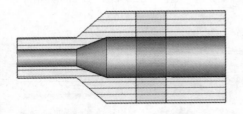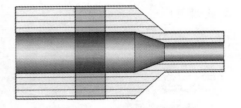

**图 6.64  测试夹具 1 和测试夹具 2 在"R"状态下的仿真模型**

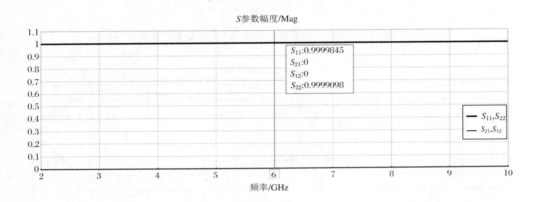

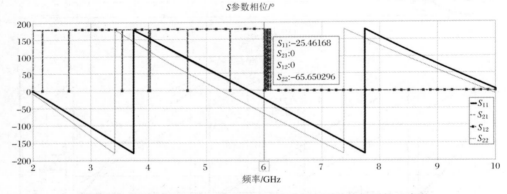

**图 6.65  测试夹具 1 和测试夹具 2 在"R"状态下计算得到的 $S$ 参数**

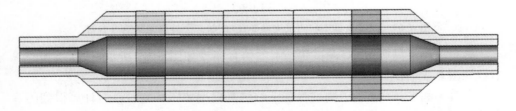

**图 6.66  测试夹具 1 和测试夹具 2 在"L"状态下的仿真模型**

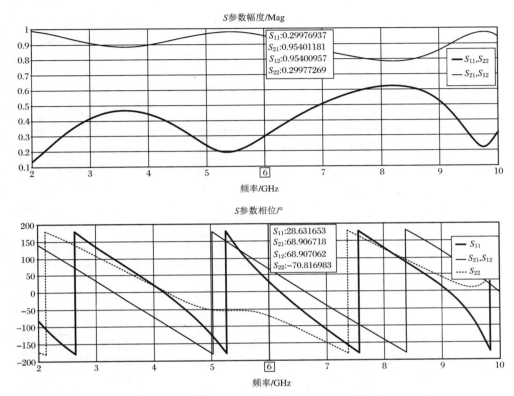

图 6.67 测试夹具 1 和测试夹具 2 在 "L" 状态下计算得到的 S 参数

使用夹具 1 和夹具 2 对 DUT 进行测试的整体仿真模型如图 6.68 所示, 计算得到的 S 参数如图 6.69 所示。

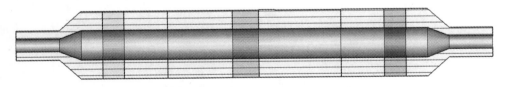

图 6.68 使用测试夹具 1 和测试夹具 2 对 DUT 进行测试的仿真模型

利用计算得到的全部 S 参数, 和前面介绍的去嵌入算法, 在图 6.69 的基础上可以计算得到去除夹具信息的 DUT 的 S 参数, 如图 6.70 所示。在图中, 还给出了 DUT 通过直接仿真得到的 S 参数值。可以看出去嵌入计算得到的 S 参数与 CST 直接仿真得到的 S 参数完全一致。

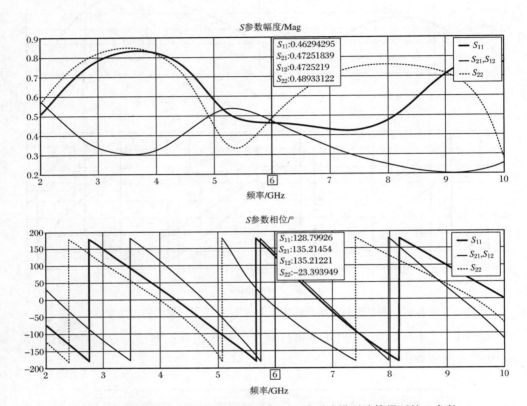

图 6.69　测试夹具 1 和测试夹具 2 对 DUT 的测试模型计算得到的 S 参数

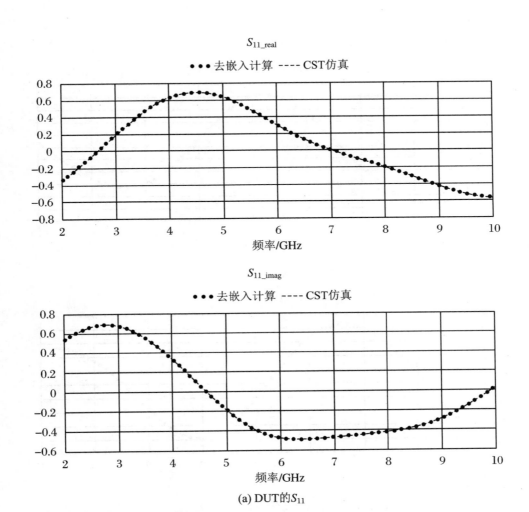

(a) DUT的$S_{11}$

**图 6.70 使用去嵌入方法计算得到的 DUT 的 $S$ 参数和 DUT 直接仿真得到的 $S$ 参数对比**

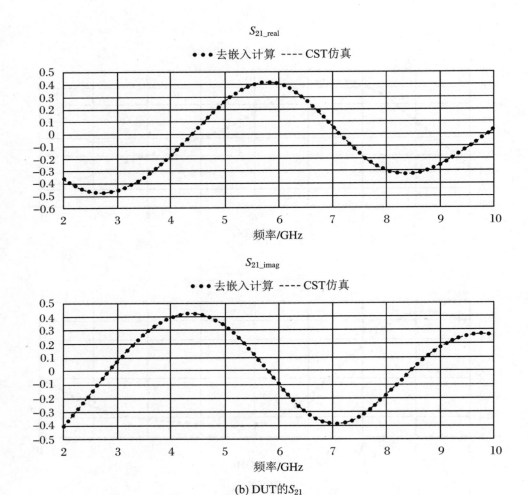

(b) DUT的$S_{21}$

图 6.70　使用去嵌入方法计算得到的 DUT 的 $S$ 参数和 DUT 直接仿真得到的 $S$ 参数对比（续）

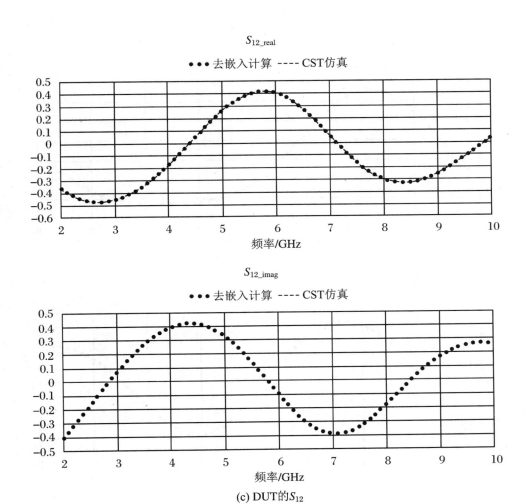

(c) DUT的$S_{12}$

**图6.70** 使用去嵌入方法计算得到的 DUT 的 $S$ 参数和 DUT 直接仿真得到的 $S$ 参数对比(续)

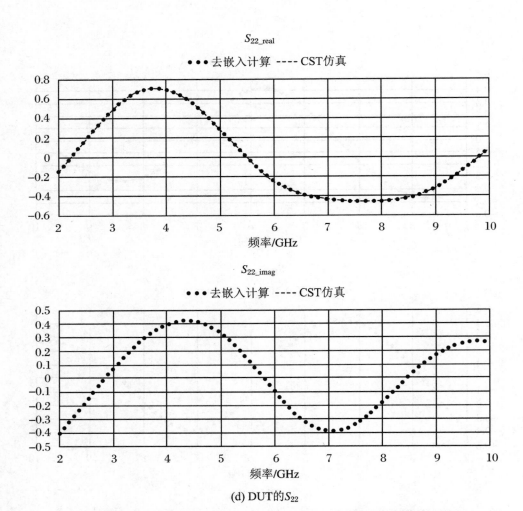

(d) DUT的$S_{22}$

图 6.70  使用去嵌入方法计算得到的 DUT 的 $S$ 参数和 DUT 直接仿真得到的 $S$ 参数对比(续)

# 第7章 二次电子倍增

在高频系统中，谐振腔和耦合器在高功率老练时都会产生二次电子倍增效应。二次电子倍增效应是一种电子飞行轨迹与微波电磁场之间的共振现象，是真空下大功率微波器件中的常见现象。

本章介绍了二次电子倍增效应的基本原理、产生条件和常用的抑制方法。由于主要关注电子的飞行轨迹和电磁场分布，二次电子倍增的研究方法主要侧重于仿真模拟和实验测试。CST Particle Studio 是进行二次电子倍增仿真的理想软件，本章以仿真实例为基础，介绍了二次电子倍增的仿真方法和数据处理技术。

## 7.1 基 本 原 理

限制超导腔性能的因素主要有场致发射、电子倍增效应、热失超（Thermal Breakdown）、$Q$ 值跌落（Q-slope）、氢中毒（Q-disease）等。射频结构中的电子倍增效应（Multipacting，MP）是一种电子共振放电现象[5]。初始电子在射频场作用下碰撞腔壁，激发出更多的次级电子，该过程不断重复，电子吸收射频功率致使无法通过增加入射功率来提高腔内场强，在超导腔中会引起局部温度过高最终导致热失超。

在超导腔测试中，当 MP 发生时，$Q_0$ 会在阈值处突然降低，如图 7.1 所示。在 $\beta = 1$ 时，腔的输入功率、传输功率和反射功率在 MP 发生时如图 7.2 所示。

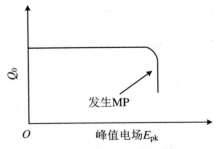

**图 7.1　超导腔中 MP 发生时峰值电场 $E_{pk}$ 和 $Q_0$ 曲线**

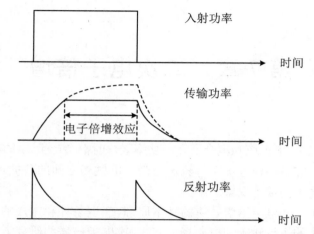

**图 7.2　超导腔中 MP 发生时入射功率、传输功率和反射功率**
（虚线表示 MP 不发生时可以达到的功率）

　　很多时候 MP 可以通过高频老练来克服,具体方法为在 MP 发生时缓慢增加射频功率。可以通过老练克服的 MP 称为软 MP,否则为硬 MP。超导腔 MP 的分析主要关注无法通过老练克服的硬 MP。

# 7.2　电子倍增效应产生的条件

　　MP 产生的条件为以下两个方面:

　　第一,初级电子碰撞腔壁产生的二次电子数比初级电子数目多。二次电子产生的数目仅和初级电子碰撞能量有关,二次电子发射系数(Secondary Emission Coefficient,SEC)可以用 $\delta(K)$ 来表示。假设初始电子数目为 $N_0$,经过 $k$ 次碰撞后的电子数目可以表示为

$$N_e = N_0 \prod_{m=1}^{k} \delta(K_m) \tag{7.1}$$

$K_m$ 为第 $m$ 次碰撞时的能量。MP 发生时,需要满足 $k \to \infty$ 时 $N_e \to \infty$,此时必须满足条件 $\delta(K_m) > 1$。一般条件下,电子碰撞能量 $K$ 在 50～1500 eV 时,$\delta(K) > 1$[6]。SEC 通常受材料种类、表面处理方式、表面吸附物等影响。图 7.3 展示了根据 Furman-Pivi 模型拟合,铌通过三种不同处理方法后粒子垂直撞击表面的 SEC 曲线图[7]。

　　第二,电子在腔内场的作用下能够与腔壁持续碰撞,这要求腔的结构合适以及电子运动周期和场的周期满足某种规律。以两种典型的 MP 为例进行分析:一种

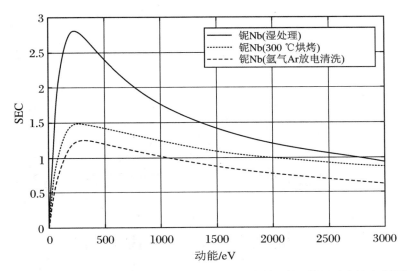

**图 7.3　铌材料三种表面处理方式后的二次电子发射系数（粒子垂直撞击表面）**

为单点式 MP,初始粒子在某处发生碰撞产生的次级电子在场的作用下退回到原位再次碰撞,电子轨迹形成闭合的曲线,此时电子运动周期 $T_e$ 和电磁场周期 $T_{rf}$ 的关系为 $T_e = nT_{rf}$($n$ 为整数),根据 $n$ 的不同又可称为 $n$ 阶 MP,一阶、二阶和三阶单点式 MP 的电子轨迹如图 7.4 所示。另一种为两点式 MP,初始电子在位置 1 碰撞后产生的二级电子在位置 2 碰撞,产生的三级电子在相反的场作用下回到位置 1,循环往复,此时 $T_e$ 和 $T_{rf}$ 的关系为 $T_e = \dfrac{2n-1}{2} T_{rf}$($n$ 为整数),根据 $n$ 的不同又可称为 $n$ 阶 MP,椭球形超导腔的两点式 MP 电子轨迹如图 7.5 所示,两点式 MP 发生在赤道(Equator)附近。

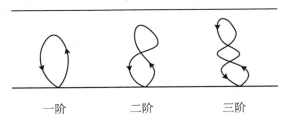

一阶　　　　　二阶　　　　　三阶

**图 7.4　典型的一阶、二阶和三阶单点式 MP 电子轨迹**

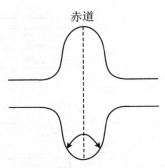

赤道

图 7.5　椭圆超导腔的两点式 MP 电子轨迹示意

# 7.3　抑制电子倍增效应的方法

抑制 MP 应从破坏 MP 产生的条件入手。

第一,降低材料的二次电子发射系数使 $\delta < 1$。最直接的办法为换用低 $\delta$ 的材料。但是 $\delta < 1$ 的材料如钛、不锈钢等导电性太低不适用射频结构,而常用于射频结构的高导电性材料如铜、铝、银等,包括用于超导结构的铌,二次电子发射系数在一定的能量段内 $\delta > 1$。因此可以采用镀膜的方式降低材料表面的 SEC 同时保留材料的高导电性,例如铜镀钛或氧化钛。由于 SEC 受材料表面清洁度的影响很大,因此选择合适的表面处理方式,提高清洁度十分重要,通常采用的方法有真空烘烤、氩放电处理等。图 7.3 中,300 ℃烘烤和氩放电处理的铌材料 SEC 大大降低。

第二,破坏电子周期轨迹,防止电子在腔内反复碰撞。最优的解决办法为优化腔型,例如球形或椭球形腔可以消除单点式 MP,如图 7.6 所示。球形或椭球形腔中沿腔壁的场不均匀,电子在几次碰撞后到达赤道附近,由于赤道处垂直腔壁的电场为 0,电子不再获得能量,不会发生 MP。还可以通过施加直流电场或磁场改变电子轨迹,使得 MP 的条件不再满足,此办法多用于抑制耦合器内的 MP。

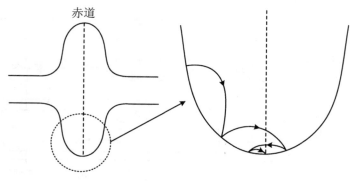

图 7.6　椭球形腔内单点式 MP 被抑制

# 7.4　Multipacting 模拟计算

## 7.4.1　求解器的选择

使用 CST 进行 MP 的模拟计算,首先需要得到电磁场分布,通常使用本征模求解器计算得到谐振腔的基模电磁场,频域求解器或者时域求解器可以用来模拟耦合器内馈入高频功率时的电磁场分布,正如第 2,3 章所述。

CST 粒子工作室有两种求解器可以用来进行 MP 的仿真,分别是 Particle in Cell(PIC)求解器和 Particle Tracking(TRK)求解器。PIC 求解器用于计算带点粒子在瞬态场中的运动,TRK 求解器用于计算带电粒子在射频场或静电/磁场中的轨迹。在 MP 模拟中通常不考虑空间电荷效应。两种求解器的结果基本是一致的,如图 7.7 所示[8]。

TRK 求解器中粒子在初始时间瞬间发射,因此仿真时需要考虑发射时间和射频场相位的关系,通过参数扫描控制粒子在不同的场相位上发射,实现在一个完整的高频周期内的粒子跟踪。而 PIC 求解器中粒子源为相对于发射时间的高斯脉冲,发射粒子数量比 TRK 求解器多,可以在一次仿真中直接模拟粒子在整个射频场周期里的发射。PIC 求解器相对于 TRK 求解器计算速度更慢,但后处理功能更强大。

## 7.4.2　二次电子发射模型

CST 粒子工作室里,材料的二次电子发射属性有三种选择,Furman-Pivi 模

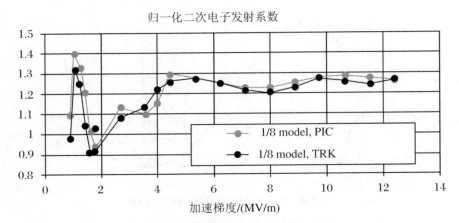

图 7.7　PIC 和 TRK 求解器的对比

型[9]、Vaughan 模型[10]和用户导入。一般来说,二次电子可以通过三种方式产生,即入射电子($I_0$)在材料表面发生弹性碰撞被反射回来的背散射电子($I_b$),入射电子穿入材料和原子碰撞又被反射回的再扩散电子($I_{rd}$),入射电子进入材料发生电子激发、从材料表面发射出的真二次电子($I_{ts}$),如图 7.8 所示。用户导入和 Vaughan 模型只考虑第三种方式产生的真二次电子,而 Furman-Pivi 模型考虑了这三种方式产生的二次电子,因此更接近真实的材料 SEC 曲线,MP 仿真中通常使用该模型。二次电子发射系数 $\delta$ 为

$$\delta = \frac{I_{ts} + I_{rd} + I_b}{I_0} \tag{7.2}$$

Furman-Pivi 模型的假设包括电子入射到材料表面后,立刻发生二次电子发射,不考虑二次电子发射的弛豫时间;背散射电子和再扩散电子发射,电子数目不变,真二次电子发射,电子数目变化;发射的二次电子能量不超过入射电子能量,并且单次发射的二次电子能量总和不超过入射电子能量总和;二次电子的发射角度随机分布,多次发射之间不相关。

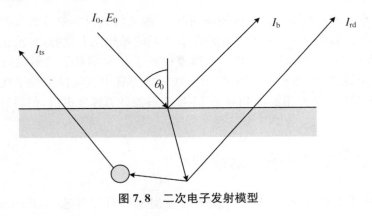

图 7.8　二次电子发射模型

### 7.4.3　模型剖分

为减少网格数和模拟时间,可以根据射频场的对称面将模型剖分。如图 7.9
所示,在仿真 spoke 腔的 MP 时,只用了腔体的 1/8,对称面上建立反射的腔壁,其
反射的 SEC 为 $100\%(\delta_b = I_b/I_0 = 1)$,散射和真二次电子的 SEC 为 $0(\delta_{rd} = I_{rd}/I_0$
$= 0, \delta_{ts} = I_{ts}/I_0 = 0)$,用于防止电子及其能量在人为增加的对称面上的损失。

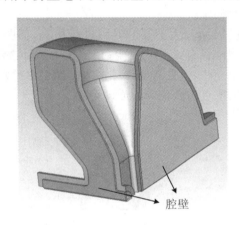

腔壁

**图 7.9　spoke 腔剖分 1/8**

在仿真同轴波导行波下 MP 时,由于场在同轴线上均匀分布,只取一小段仿真
即可,如图 7.10(a)所示,而在仿真驻波下 MP 时,由于场在空间中的不均匀分布,
仿真时必须同轴波导保留至少一个周期的长度,如图 7.10(b)所示,MP 的电子聚
集在低电场区域。

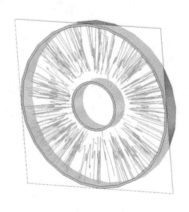

(a) 行波下MP粒子轨迹　　　　　　　　　(b) 驻波下MP粒子轨迹

**图 7.10　同轴波导的 MP[11]**

### 7.4.4　粒子源设置

在仿真 MP 时,电子源初始位置要设在射频结构的内表面。粒子源可以一次设置在整个内表面,如图 7.11(a)所示。这种方法在同等初始粒子密度的情况下,初始粒子个数较多;需要通过粒子轨迹来判断 MP 发生的位置;如果多处同时有MP,单次仿真时间较长。这种方法可以在不清楚 MP 容易发生的条件时用于初步寻找 MP 发生的位置和相位。

另一种方法是将内表面分为不同的区域进行仿真,如图 7.11(b)所示。这种方法可以方便地确定该位置有无 MP 发生;相比于上一种方法,初始粒子数较少,仿真所需要的时间更短一些,但是需要计算多次。如果熟悉发生 MP 的主要位置,那么只需要用这种方法重点仿真特定的面即可。

(a) 粒子源初始位置为整个内表面

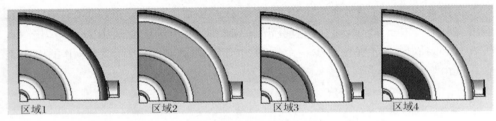

(b) 粒子源初始位置分为4个区域

**图 7.11　spoke 腔 MP 仿真粒子源初始位置**

初始粒子的个数不宜设置过少。初始粒子过少会使仿真的结果有很大的随机波动,只有在很小的区域网格划分精度很高、场非常平滑时结果才会收敛。足够多的初始粒子会产生大量的撞击和二次电子,可以在即使计算精度不是很高、场不是特别平滑时,也有一个相对收敛的结果。仿真时网格单元必须小于电子轨迹的长度。

一般在寻找 MP 发生位置时,初始粒子数不得不设置得很多。虽然不会引发MP 的大部分初始粒子,但都会在前几个 RF 周期内迅速消失,粒子数迅速减少,等到在 MP 发生时粒子数又会增加,这样的粒子变化过程在 7.4.5 节的仿真示例中也能看到,因此较多的初始粒子个数也是可以接受的。

初始电子的能量通常较小,足够使粒子离开表面即可,通常设置在 0~4 eV。同时初始粒子的发射方向应该是随机的。初始粒子的电流大小对 MP 仿真的结果没有影响。

使用 PIC 求解器计算时,要注意初始粒子的脉冲电流覆盖整个 RF 周期内,且初始粒子数量随时间均匀分布,避免遗漏可能引发 MP 的相位。

## 7.4.5　MP 仿真结果分析

能够最直观地判断 MP 是否发生的方法是电子个数随时间的变化,如图 7.12 所示。图(a)中粒子个数随时间指数增加,MP 发生;图(b)中粒子个数随时间推移减少,没有 MP 现象产生。

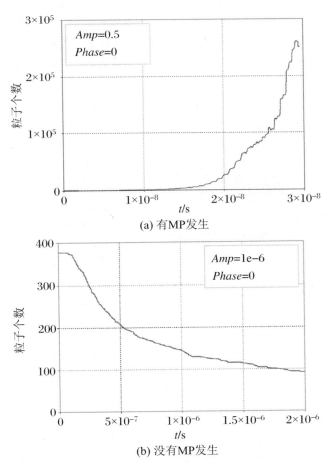

**图 7.12　MP 发生时粒子个数随时间的变化**

二次电子数增长率 $\alpha$ 可以通过拟合粒子数随时间变化的曲线得到

$$N(t) = N_0 e^{at} \tag{7.3}$$

平均二次电子发射系数

$$\langle\text{SEY}\rangle = e^{aT_e} \tag{7.4}$$

其中，$t$ 是仿真时间，$T_e$ 是电子运动周期，$N(t)$ 是 $t$ 时刻的粒子数，$N_0$ 是引发 MP 的初始粒子个数。$\langle\text{SEY}\rangle$ 可以用来评估 MP 发生的可能性，$\langle\text{SEY}\rangle$ 大于 1，MP 就有可能发生，$\langle\text{SEY}\rangle$ 越大 MP 发生的可能性就越大。除了增长率和平均二次电子发射系数之外，粒子数变化曲线和粒子轨迹相结合还可以反映 MP 的类型和阶数。

以 1.3 GHz Tesla 单 cell 腔为例，模型如图 7.13 所示，腔壁材料为 300 ℃ 烘烤处理后的铌，SEC 曲线见图 7.3。使用本征模求解器计算腔内的基模电磁场，频率为 1.288 GHz，射频周期为 $T_{rf} = 0.78$ ns，将场导入粒子工作室使用 TRK 求解器对 MP 进行仿真。由于腔体对称，仅在 1/8 腔体内表面设置初始粒子源，如图 7.14 所示。粒子个数在 1500 左右，粒子源初始能量为 0~4 eV，电流固定为 1 A，初始方向随机分布。在 20 MV/m 的场强下，腔赤道附近发生 MP 现象，粒子轨迹如图 7.15 所示。

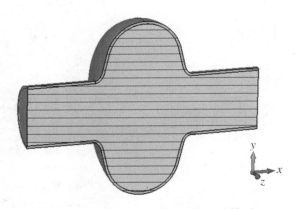

**图 7.13　1.3 GHz Tesla 单 cell 腔 CST 模型**

电子数随时间变化的曲线如图 7.16 所示，粒子数先迅速减少，然后 MP 发生，粒子数呈周期性增长，增长周期 $T_e = 0.5T_{rf} = 0.4$ ns。结合电子轨迹和粒子数增长周期可知，该 MP 为一阶两点式 MP。对电子数随时间变化的曲线进行指数拟合，可以计算出，二次电子数增长率 $\alpha = 1.03$，平均二次电子发射系数 $\langle\text{SEY}\rangle = e^{aT_e} = 1.51$。

CST2015 之后的版本里，TRK 求解器的结果中已经没有粒子个数随时间变化的曲线，PIC 求解器计算结果中仍有这一项。

PIC 求解器有根据产生的二次电子个数判断 MP 是否发生的功能，如果启用此功能，当判定 MP 发生时计算会自动停止，这样可以避免生成的粒子过多占用计算资源,节省每次计算的时间。二次电子个数的变化通常有很大的噪声,必须进行低通滤波,如图 7.17 所示,下、下波浪线是原始的二次电子信息,曲线是低通滤波后的信号。

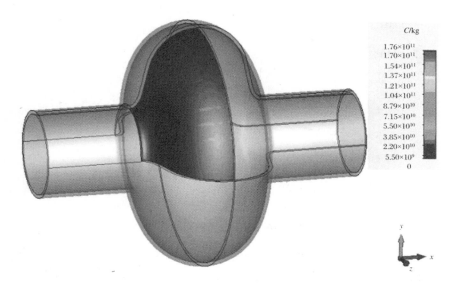

图 7.14　初始电子设置

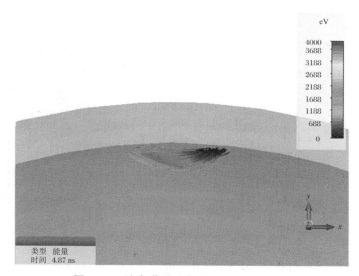

图 7.15　腔赤道附近发生 MP 的电子轨迹

　　PIC 求解器检测 MP 发生的方法是,计算在固定时间间隔 $T$ 的边缘上二次电子个数的增长斜率,如果斜率大于设定的指数增长因子,并且下一个时间间隔中点

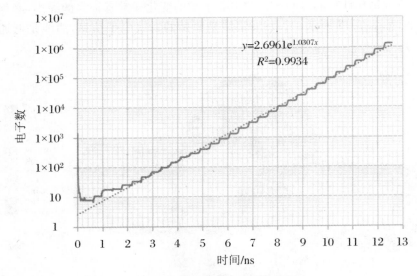

**图 7.16　电子数随时间的变化**

的二次电子个数大于上一个时间间隔中点的二次电子个数,那么判定 MP 发生,如图 7.18 所示。检测的时间间隔的个数、时间间隔的长度 $T$、指数增长因子都可以自行设定。检测增长率之前,低通滤波的截止频率由时间间隔的长度 $T$ 决定,截止频率 $\Omega = 2\pi / T$。

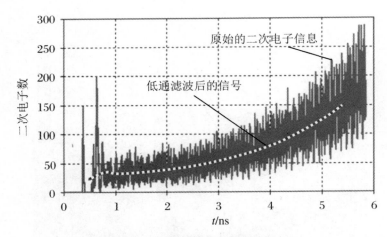

**图 7.17　二次电子个数随时间的变化**

计算二次电子发射系数〈SEY〉的另一种方法是使用碰撞和发射电流。CST 粒子工作室计算输出的粒子源碰撞信息包括各个几何体上的碰撞电流 $I_{\text{collision}}$、碰撞功率 $P_{\text{collision}}$、二次电子发射电流 $I_{\text{emission}}$、二次电子发射功率 $P_{\text{emission}}$。二次电子发射系数

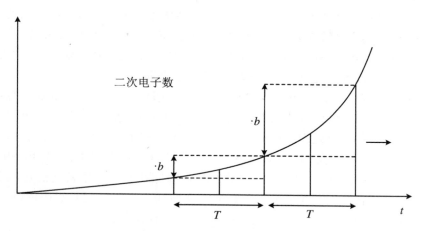

**图 7.18　PIC 求解器检测 MP 发生**

$$\langle SEY \rangle = \frac{N_e}{N_c} = \frac{I_{emission}}{I_{collision}} \qquad (7.5)$$

碰撞能量

$$W_{collision}(eV) = \frac{P_{collision}(W)}{I_{collision}(A)} \qquad (7.6)$$

$N_e$ 是二次电子个数，$N_c$ 是碰撞次数，也就是碰撞的电子个数。二次电子数增长率 $\alpha$ 可以根据式(7.4)计算得到。这种方法比拟合曲线的方法更为简单方便，无需将数据从 CST 中导出计算。

仍以上述 1.3 GHz 单 cell 腔的 MP 仿真为例，TRK 求解器计算得到电流和功率结果如表 7.1 所示。

**表 7.1　CST 仿真的碰撞信息**

| 参数 | $I_{collision}$ | $P_{collision}$ | $I_{emission}$ | $P_{emission}$ |
|---|---|---|---|---|
| 值 | $3.043 \times 10^3$ A | $5.002 \times 10^6$ W | $4.718 \times 10^3$ A | $9.111 \times 10^4$ W |

将参数带入公式(7.5)、(7.6)计算出二次电子发射系数 $\langle SEY \rangle = 1.55$，和用曲线拟合计算得到的结果基本一致，误差为 2.6%。

计算出碰撞能量 $W_{collision} = 1.64$ keV。根据图 7.3 中 300 ℃烘烤的铌材 SEC 曲线，1.64 keV 左右的二次电子发射系数约为 1.06，和仿真出的 $\langle SEY \rangle = 1.55$ 不符合。这是因为 Furman-Pivi 模型中二次电子发射系数不仅依赖于碰撞能量，还和碰撞角度有关，图 7.3 的 SEC 曲线是电子垂直撞击表面，即碰撞角度为 0°的结果，从图 7.14 可以看出仿真的电子撞击角度较大，在 60°左右。参考 CST 帮助文档，可以计算出入射角 60°、撞击能量 1.64 keV 对应的 SEC 约为 1.5，和仿真的 $\langle SEY \rangle$ 相符。

使用不同处理方式下材料的 SEC 曲线进行仿真和对比可以判断出现的 MP 是硬 MP 还是软 MP。如果使用 SEC 较大的材料仿真出的 $\langle SEY \rangle$ 和 SEC 较小的材料对应的〈SEC〉差别较大,可以认为出现的 MP 受材料表面质量影响较强,是软 MP,可以通过高频老练克服;如果两种情况下的〈SEY〉差别不大,即使用表面处理效果最好的材料仿真〈SEY〉也大于1,那么该 MP 受表面质量影响较小,主要由射频结构决定,是硬 MP,必须通过优化结构等方式来抑制。

以 HEPS 166 MHz 超导腔的 MP 分析为例,超导腔几何模型如图 7.19(a)所示,在右端盖上有一阶两点式的 MP。使用不同处理方式的铌材进行仿真,结果如图 7.20 所示。使用湿处理的铌材,腔压在 0.2 MV 以上都会引发此处的 MP,而且〈SEY〉最高在 2.2,产生 MP 的程度剧烈;使用 300 ℃ 烘烤的铌材时,发生 MP 的梯度范围减小,区间为 0.4 MV~0.8 MV,〈SEY〉降低到 1.2;使用氩气放电处理的铌材,〈SEY〉在所有腔压上都小于1,MP 被完全抑制。三种情况的对比可以看出右端盖上的 MP 为软 MP,高质量的表面处理对 MP 有极大的改善。

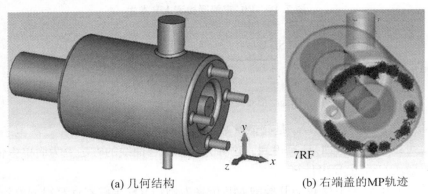

(a) 几何结构　　　　　　　　　　(b) 右端盖的MP轨迹

**图 7.19　166 MHz 超导腔内右端盖的 MP**

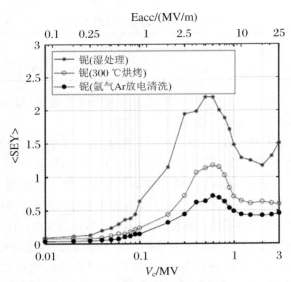

**图 7.20　166 MHz 超导腔不同处理方式下右端盖上 MP 的仿真结果**

# 参 考 文 献

［1］ Pozar D M. 微波工程［M］.3 版. 北京:电子工业出版社,2010.

［2］ 魏克珠,蒋仁培,李士根. 微波铁氧体新技术与应用［M］. 北京:国防工业出版社,2013.

［3］ Dunsmore J P. 微波器件测量手册:矢量网络分析仪高级测量技术指南［M］. 北京:电子工业出版社,2014.

［4］ Engen G F. "Thru-Reflect-Line":An Improved Technique for Calibrating the Dual Six-Port Automatic Network Analyzer［J］. IEEE Transactions Microwave Theory and Techniques, 1979,27(12):987-993.

［5］ Padamsee H,Knobloch J, Hays T. RF Superconductivity for Accelerators［M］. New York:John Wiley and Sons, Inc. , 1998.

［6］ Parodi R. Multipacting［C］// Ebeltoft:CERN, 2011:447-458.

［7］ CST Microwave Studio ©. cst_studio_suite_help［CP］. Ver. 2015, CST AG, Darmstadt, Germany, 2019.

［8］ Romanov G,Berrutti P, Khabiboulline T N. Simulation of Multipacting in SC Low Beta Cavities at FNAL［C］//Proceedings of IPAC2015, Geneva, Switzerland:JACoW, 2015: 579-581.

［9］ Furman M A, Pivi M T F. Probabilistic Model for the Simulation of Secondary Electron Emission［J］. Phys. Rev. ST Accel. Beams, 2002, 5:124404.

［10］ Vaughan R. Secondary Emission Formulas［J］. IEEE Transactions on Electron Devices, 1993, 40(4):830.

［11］ Romanov G. Stochastic Features of Multipactor in Coaxial Waveguides for Travelling and Standing Waves［R］. U. S.:Fermilab, 2011.

# 后　记

　　加速器高频系统是一个庞大且复杂的系统,本书主要论述了高频系统中涉及的微波理论与微波技术,但是对整个系统的介绍尚不十分全面。

　　谐振腔可分为常温腔和超导腔两大类,而每类谐振腔根据不同的使用需求又可以设计出不同的腔型,同一种腔型还可以选取单腔或者多腔结构。谐振腔的设计、加工与测试,涉及许多具体而深入的工作,其中包含了很多可以展开介绍的理论与知识。

　　耦合器不仅要为谐振腔提供功率,还要保证腔内的超高真空,对于超导高频系统,耦合器还要尽可能降低向液氦温区的静态与动态漏热。耦合器的设计需要考虑诸多因素,加工过程繁琐而复杂,高功率运行时又存在较大的损坏风险。高功率、低漏热、保护措施与稳定运行,一直是高频系统中的重要课题。

　　对于强流粒子加速器,束流会在谐振腔中激起较强的高次模,进而影响束流的稳定运行。对于强流加速器的高频系统,需要考虑高次模的引出与抑制问题,通常要使用高阶模吸收器或者高阶模耦合器。高阶模抑制的微波理论与等效电路模型,也是一系列有趣的问题。

　　高频系统的功率源可以使用磁控管、速调管以及固态放大器等。磁控管和速调管的工作涉及电子与微波场的能量交换,原理虽有所不同,但都是比较传统的电真空设备。近年来,固态功率源成为主流发展趋势,固态功率源由许多功率放大模块组成,每一个功放模块都是一个微波放大电路。功放模块的增益、效率、温漂、相位噪声与谐波分量等参数,以及多模块间的功率合成与控制,都影响着固态功率源的整体性能与稳定运行。

　　低电平控制也是高频系统的一个重要研究方向。低电平控制系统的主要功能是,进行频率控制、幅度控制和相位控制,并进行信号采集、存储与联锁保护。低电平控制涉及的理论与技术主要包括微波电路、模拟电路、数字电路、嵌入式系统、数字信号处理、控制理论与计算机技术等。

　　以上内容均包含了大量基础知识与前沿技术。可见,本书的写作内容只呈现了高频系统知识体系的一个方面。即便如此,本书的写作对于笔者来说也是一项富有挑战的工作,整个写作过程是一次对高频系统知识体系的重新梳理,也让笔者有机会对以前尚未完善的研究工作得以深入下去。高频系统知识丰富且精深,笔者在写作期间深感自身能力尚有不足,书中内容难免有所纰漏,希望专家同行能不吝指正并提出宝贵意见。

在本书的写作过程中,笔者得到了诸多帮助,在此一并表达最诚挚的谢意:

首先,感谢从事高频系统相关工作的前辈和老师,正是他们在此领域做出的卓越贡献,才让我辈得到系统教导与专业训练;本书写作期间,正值高能同步辐射光源(HEPS)紧张的建设阶段,感谢 HEPS 高频系统的同事,与他们的有益讨论为本书提供了很多素材与灵感;感谢材料科学姑苏实验室的彭宇飞博士、常州华束科技的陈弹蛋高级工程师对我工作上的支持与帮助;感谢中国科学院上海高等研究院赵振堂院士、北京大学刘克新教授对本书出版给予的支持与肯定;感谢中国科学技术大学出版社在本书出版期间提供的帮助。

孟繁博

2022 年 10 月于北京